>>★『农家书屋』特别推荐书系◀◀

>> 养殖技术类

蛇的饲养及产品加工技术

桑明强/主编　徐春娥/编著

U0200868

湖南科学技术出版社

图书在版编目(CIP)数据

　蛇的饲养及产品加工技术/桑明强主编. —长沙:湖南科学技术出版社,2000.5
　ISBN 978 - 7 - 5357 - 1431 - 2

　I. 蛇…　Ⅱ. 桑…　Ⅲ. ①蛇 - 饲养管理②蛇 - 综合利用
Ⅳ. S865.3

中国版本图书馆 CIP 数据核字(2009)第 061903 号

蛇的饲养及产品加工技术

主　　编:桑明强
编　　著:徐春娥
责任编辑:彭少富　欧阳建文
出版发行:湖南科学技术出版社
社　　址:长沙市湘雅路 276 号
　　　　　http://www.hnstp.com
邮购联系:本社直销科　0731 - 84375808
印　　刷:唐山新苑印务有限公司
　　　　　(印装质量问题请直接与本厂联系)
厂　　址:河北省玉田县亮甲店镇杨五侯庄村东 102 国道北侧
邮　　编:064101
出版日期:2017 年 10 月第 1 版第 2 次
开　　本:787mm×1092mm　1/32
印　　张:6
字　　数:116000
书　　号:ISBN 978 - 7 - 5357 - 1431 - 2
定　　价:24.00 元

前　　言

　　蛇是一种经济价值很高的动物。可以说,蛇全身是宝:蛇胆入药可治疗多种疾病;蛇毒及其制剂不仅能镇痛止血,而且对心血管疾病和癌症都有疗效,蛇毒在国际市场上比黄金还贵;蛇蜕也可入药;蛇可配制成药酒;蛇皮制品价值也很高。活蛇和蛇制品是我国对外贸易的传统产品,可为国家换回大量外汇。蛇肉鲜嫩味美,有补身健身功能。我国最大的蛇肉消费市场在广州,日销量达20吨以上,我国香港市场蛇肉年销量为800多吨。此外,日本、韩国、东南亚和西欧一些国家对蛇肉的需求量也不断增加,国内外市场缺口很大。近些年来,随着蛇类综合利用加工技术的提高和市场经济的活跃,蛇在市场上的供需量日益增加,而蛇的天然资源日趋减少。因此,养蛇是一项十分有前途的养殖业。

　　人工养蛇投资不多,简便易行,见效较快,风险不大。蛇吃青蛙、老鼠、泥鳅、小鱼、昆虫等小动物,一盏诱蛾灯就可以诱得5~10条蛇的食物。蛇饱食一餐,可满足一星期以上的食量。

　　为了帮助城乡人民更快更好地掌握养蛇的最新实用技

术,我们在搜集、精选大量资料的基础上,参照养蛇的实践经验编写了本书。书中除系统地阐述蛇类的生物特征和习性外,还重点介绍了一些养蛇专业户在多年饲养实践中积累的宝贵经验与行之有效的操作方法。全书内容丰富,文字通俗易懂,图文并茂,融科学性、实用性和趣味性于一体,对蛇场养殖人员、新老专业户的工作有较好的指导作用;对从事野外工作的人员和从事蛇伤防治、蛇类加工的专业人员有直接的实用价值和指导作用。

　　本书出版后,作者收到来自全国各地不少读者的来信来电,有的要求联系能够参观、学习的蛇场;有的要求联系蛇产品的销售渠道,等等。因此,本书再版时,介绍了近年来国内报刊上报道的著名蛇场和养蛇专业户,以便有兴趣的朋友能就近参观学习。至于蛇毒等产品的收购信息,可向当地的省、市药材公司咨询。

编　者

目　录

第四章　毒蛇咬伤的防治

第五章　蛇的加工和综合利用

第六章　国内著名蛇场和养蛇专业户简介

第一章　我国的蛇类资源
开发及市场概况

第一节　我国的蛇类资源

　　蛇是爬行动物中最多的一个类群。依据动物学分类记载,蛇目动物分为13科,除2科全为化石种类外,现今生存的蛇类已知的有11科,分隶于400属,共有3000余种。其中毒蛇有650多种,已经查证确认有剧毒的有200种左右,故此,就蛇的种类来看,绝大多数的蛇是无毒蛇。

　　蛇类是个大家族。其种类繁多,分布极广,几乎遍及全球。除南极洲和某些与大陆隔绝的海岛(如冰岛)及大西洋外,凡是有人烟的地方基本上都有蛇。其中,以热带和亚热带地区的种类数量最多,温带次之,寒带极少。在太平洋、印度洋里生活着海蛇。世界上蛇类最多的地区是非洲、南美洲和东南亚。东南亚地区蛇类最多的国家有缅甸、越南、泰国、马来西亚、印度和中国。迄今为止,只有新西兰和爱尔兰未发现蛇。

　　我国地处亚热带和温带,地大物博,气候温和,雨量充沛,山高林密,动、植物资源丰富,很适宜蛇的生长和繁殖。所以,我国是世界上蛇类资源较为丰富的国家之一。据最新资料报道,我国的蛇有 2000 多种,分隶 53 属,9 科,分别是:盲蛇科、蟒科、闪鳞蛇科、瘰鳞蛇科、游蛇科、眼镜蛇科、蝰科、蝮科和海蛇科。前四科都是无毒蛇,种类与数量较少;后四科全部是毒蛇;正中间的游蛇科与各科相较,种类和数量最多,其中大部分是无毒蛇,极少数是毒蛇。

我国有毒蛇 40 多种,其中分布较广,数量较多,且具剧毒的陆栖蛇只有 10 多种,国内毒蛇分布及毒性情况见表 1。江南和各省蛇类分布,又以广东、广西、海南、福建、云南等省(区)最多;贵州、台湾、浙江、湖南、江西、四川等省次之;湖北及安徽省较少。我国北方各省蛇类的种类较少,有 4 科,41 属,85 种,5 亚种。各省种类分布有所不同,如青海只有 4 种,宁夏有 6 种,甘肃有 35 种,陕西有 31 种,河南有 18 种,辽宁有 17 种,其余省区一般有 10~14 种。西藏地区有各种蛇类 36 种。我国的毒蛇中以蝮蛇和尖吻蝮(又称五步蛇、蕲蛇)分布最广,数量最多,仅在驰名中外的武夷山区,尖吻蝮的数量估计不下 50 万条,而蝮蛇在全国 23 个省区都有它的足迹,是我国分布最广数量最多的一种毒蛇。使世人惊奇的是,在辽东半岛的渤海湾,距旅顺约 25 海里的地方,有一个面积不到 1 平方千米的小龙岛,岛上盘踞着几十万条清一色的蝮蛇,其密度之大,世人罕见,足以誉称为"蝮蛇世界"。它吸引了成千上万的国内外旅游者和科学家前往观光和考察。从而使这个小岛成为举世闻名的"世界奇岛",并封其为"蛇岛"。

我国蛇类药材的分布情况为:乌梢蛇分布于浙江、江苏、江西、安徽、四川、贵州、云南、福建和广西等省。金钱白花蛇分布于广东、广西、湖北、江西、贵州、云南等省。蕲蛇主要产于黄河以南,分布于东经104°以东,北纬25°~31°之间的江西、广东、浙江、福建、贵州等省。

表1　我国常见蛇类分科、毒性及地区分布概况

科　别	常见种类数量或品名	毒性判断		主要分布地区(省)
		有	无	
1. 盲蛇科	3种		√	华南各省
2. 蟒蛇科	金花蟒(黑尾蟒)		√	福建、广东、广西、云南
	沙蟒		√	宁夏、甘肃、新疆
3. 游蛇科	火赤链(赤蛇)		√	南北各广大地区
	黑眉锦蛇		√	南方各省、河北省
	颈棱蛇		√	南方各省
	过树蛇		√	云南省、海南省
	翠青蛇(青竹标)		√	南方各省
	钝尾两头蛇		√	南方各省
	水游蛇(水赤链)		√	南方各省
	山溪后棱蛇		√	南方各省
	绞花林蛇	√		江南各省、四川、贵州、安徽、浙江
	紫沙蛇	√		江南各省、西藏、云南
	繁花林蛇	√		江南各省、云南、贵州、江西、浙江

续表

	花条蛇	√		宁夏、甘肃、新疆
3. 游蛇科	金花蛇	√		福建、广东
	绿疲蛇	√		广东、广西、福建、西藏、云南、贵州
	中国水蛇	√		长江南北沿线省份（除湖南外）南方各省
	铅色水蛇	√		南方各省、云南、江苏、浙江
4. 瘰鳞蛇科	瘰鳞蛇		√	海南岛三亚沿海
5. 眼镜蛇科	眼镜蛇	√		江南、西南部分省（地区）
	眼镜王蛇	√		江南部分省（区）、云南、贵州
	金环蛇、银环蛇	√		云南、江西、福建、广东、广西、湖南、海南等省
	福建丽纹蛇	√		江南地带、云南、贵州
6. 闪鳞蛇科	闪鳞蛇		√	广东、广西
	海南闪鳞蛇		√	海南、广西、浙江
	青环海蛇(斑海蛇)	√		南方沿海各省近海内
7. 海蛇科	细腹鳞海蛇	√		南方沿海各省近海内
	长吻海蛇	√		南方沿海各省近海内
	海蛙	√		福建、广东、广西近海

续表

8. 蝮科	尖吻蝮(五步蛇)	√		华中、华南、华东、台湾,系我国特产
	蝮蛇(草上飞)	√		除西藏、海南、广西外全国各地都有
	竹叶青	√		甘肃、四川、贵州、安徽、江西等省
	白唇竹叶青	√		云南、贵州、广东、广西、福建、台湾、海南
	烙铁头	√		甘肃、四川、贵州、安徽、江南各省
	菜花烙铁头	√		湖南、河南、山西、甘肃、西南各省
	山烙铁头	√		浙江、江南、西南各省
9. 蟒科	蟒蛇	√		福建、台湾、广东、广西
	白头蟒	√		浙江、江西、福建、广西、西南各省
	极北蟒	√		吉林、新疆
	草原蟒	√		新疆

　　湖南地处中国的中南部,气温、雨量、地形和生物资源都适宜蛇类的生长繁殖,是我国蛇的种类和数量较多的省份之一。据谭新华同志统计,全省共有蛇39种,其中毒蛇15种,其分布情况以山区较多,平原、丘陵区较少。15种毒蛇中有8种是属于我国剧毒蛇种,即蝮蛇、尖吻蝮、烙铁头、竹叶青、眼镜蛇、眼镜王蛇、金环蛇及银环蛇。其中除眼镜王蛇、金环蛇仅近年来在郴州、邵阳、湘西自治州的个别地区曾有发现外,其他6种在省内分布均较广泛。上述15种毒蛇的形态、主要特征列于表2中。

表2　湖南毒蛇主要形态特征

蛇类科别	蛇种	主要特征			
		色斑特征	其他特征		
眼镜蛇科	银环蛇	通身背侧有黑白相间的环带，白环比黑环窄	头部椭圆形，无颊窝	前沟牙	背鳞通身15行，脊鳞扩大呈六角形	当激怒时，前半身竖起，颈部膨大，发出"呼呼"声，同时喷出毒液
	金环蛇	通身具有黑黄相间的环带，黄环比黑环窄				
	眼镜王蛇	体背黑褐色，前半部有波状黑色斑纹，颈背无眼镜斑，而有"Λ"形斑			头背有一对大枕形鳞	
	眼镜蛇	通体以黑色为主，颈背有一对白色眼镜斑				
	福建丽纹蛇	头背黑色，有两条乳黄色横纹，体部有30余条镶黄边的黑环纹				
蝰科	烙铁头	体背中央有50个以上镶黄边的紫色斑块，体侧有一条较小暗紫色斑	头部呈三角形，有颊窝	管牙	头顶具小鳞片	
	山烙铁头	背面浅褐色，背面正中有2~3排暗褐色长形斑纹				
	菜花烙铁头	背面绿棕色，头顶有对称黑斑，背和侧面有多角黑斑				
	竹叶青	通体以绿色为主，体侧多有一条白色或红白各半的纵线，尾后端焦红色			第1上唇鳞与鼻鳞间有鳞沟截然分开	
	尖吻蝮	背面有一行约20余个浅褐色方形大斑			吻尖翘出，头背具对称大鳞片	
	蝮蛇	背面有2行深色圆斑，头背有2行深色"Λ"形斑				
游蛇科	中国水蛇	背面暗灰色，头至背背面有黑色斑纹一条，体侧鳞一条黑色，二条浅棕红长条纹	头部呈三角形，无颊窝	后沟牙		
	紫沙蛇	体背淡紫褐色，有多数不规则的"Λ"形茶褐色横斑				
	绞花林蛇	背面深褐色，正中有一条镶黄边的棕色横带斑，共8个				
	繁花林蛇	背面红褐色，体尾背面有三行粗大的黑斑，一共数十个			头顶有成对大鳞片	受惊时，头向上，颈作"S"形，张口摆尾

第二节　蛇类的市场需求量

从全国特种养殖扶贫信息会上获悉,食用蛇、药用蛇及蛇制品已成为国内外市场的抢手货。日本、东南亚、西欧一些国家以及港澳台等地市场需求量逐年上升,国内市场亦呈热销趋势,市场行情好,缺口很大。药用蛇价格普遍上涨,而且涨幅较大。安徽亳州、四川成都、广西玉林等地药材市场,药用蛇平均上涨20%左右,其中,蛇鞭由每条300元上涨至400元,蛇胆由每千克1500元上涨至2000元。

一、药用蛇

根据《中国中药资源》的资料统计,蛇类中药材的年需求量分别为:蕲蛇约53吨,乌梢蛇约1540吨,金钱白花蛇约890吨。

从其产销来看:

蕲蛇:20世纪50年代药用商品主要由浙江、江西提供。20世纪50～60年代中期,收购较稳定,一般保持在10吨左右。60～70年代后,一直属紧缺品种,产不足销。1965年销售量为21吨,1978年收购量25吨,销售量增加。1978～1983年改革开放后,销售量直线上升,其中1983年销售量为42吨。相反,收购量却明显萎缩。1983年收购量17吨,比1978年下降32%。

乌梢蛇:20世纪50年代中期年收购量40吨,销售量40吨,产销持平。20世纪60年代收购量大幅下降,1960年仅收购 11.7 吨，比 1957 年减少 60%。20 世纪 60 年代中期至 80 年代，购销虽然都持续上升，但收购量的增长，远不及需求量的增长。1983 年收购量 110 吨，销售量 137 吨。市场有很大缺口。仍属供不应求品种。

金钱白花蛇：年需求量 90 万条，年收购量 60 万条。20世纪 80 年代收购量趋缓，1983 年收购量 30 万条，当年销售量 90 万条，比 1995 年增长 6 倍。由于购销不平衡缺口较大，市场货源偏紧。

90 年代由于药材市场放开，购销情况难以掌握，据外贸统计数字，1997 年我国活蛇出口创历史最高记录，达 60万吨。天津中新药业所属企业年用量在 1000～5000 千克的有乌梢蛇，年用量为 1000 千克以下的有蕲蛇。总的来讲，由于社会需求迅猛增长，才调动了生产者的积极性，促进了养蛇业的发展，保证了药用发展的要求。

二、食用蛇

2003 年"非典"过后，各地的酒楼饭店又逐渐兴起"吃蛇热"。我国最大的蛇肉消费市场在广州，日销量达 20 吨以上；香港市场蛇肉年销量为 800 多吨。此外，日本、韩国、东南亚和西欧一些国家对蛇肉的需求量也不断增加，国内外市场缺口很大。

第三节　我国的蛇类资源开发及发展趋势

尽管我国蛇类资源相对较丰富，但野生蛇资源蕴藏量与社会总需求存在着入不敷出的矛盾和隐忧。因此,开发利用的规模和力度应当适度,应采取有力措施和有效途径,保护濒危的蛇类资源。

蛇是一个生态相对脆弱的种群。一是本身繁殖能力不强,二是生态环境易遭破坏,这种破坏来自于人的威胁更大,可以说蛇是人见人怕,又人见人打,而且以幼蛇居多。用于各种目的的捕捉,是蛇类资源面临的最大压力。

就国内蛇制品加工业来看,由于产品附加值和利润很高,以蛇为原料的加工业发展很快,形成热潮,大有方兴未艾之势。其中部分企业建立了自己的养蛇基地,实现用蛇养蛇一体化的理想产业模式。但也有许多是靠收购活蛇进行生产的,当中不排除有捕捉野生蛇的情况。用于蛇产品加工所消耗的蛇,对于资源的影响不能低估。蛇类加工业的乘兴而起,就其积极意义而言,将会带动蛇类养殖等相关产业的发展,某种程度上可促进蛇资源的保护。但在初级阶段,养蛇业的规模和技术与加工业的需求不相适应,其不足部分必然转嫁到野生资源。要切实解决两者的平衡发展问题,一方面要提升蛇养殖业的发展规模和速度,另一方面要平抑过热的蛇产品加工业。加工业增长过猛,不利于资源保护。

蛇类资源的趋势是不容乐观的,但也绝不是无能为力的。紧迫的问题是,要树立资源有限的观念。处理好发展经济和保护资源的关系,力争达到双赢的目的。我国国务院 1987 年颁布了《野生药材资源保护管理条例》,规定了国家重点保护的野生药材物种。其中列入二级保护的蛇类包含了作商品药材的3种蛇:即乌梢蛇、银环蛇(金钱白花蛇)和五步蛇(蕲蛇),这3种蛇属于分布区域缩小,资源处于衰竭状态的重要野生药材物种。国家通过立法,对其实施保护,表明了我国对资源保护一贯重视的立场和积极的态度。濒危野生动植物种国际贸易公约(CITES)也收录了蛇类物种,其附录Ⅱ中列出的我国产蛇类有:蟒科所有种、滑鼠蛇、眼镜蛇、眼镜王蛇等种类。同时,还列有"其他蛇类"一项,也就是说,凡是蛇类几乎都在保护之列。从中可以看出,蛇及蛇制品的贸易将越来越受到限制,将或多或少地影响到我国蛇制品加工行业。但既然我们是公约签字国,就应履行责任和义务,与国际社会合作,保护好人类共同的资源。

　　建国以来,我国为保护环境、保护资源,制定和颁布了一系列法律法规,特别针对中医药中使用濒危物种,与国际社会积极合作,并为此付出了很大的代价,如停止停用虎骨,犀角等。另外对于大量使用野生资源的中药材,有计划地开展人工饲养种植,并取得了可喜的成果,包括蛇在内的近200种药材,实现了人工生产,缓解了资源的压力,保证了传统用药。

　　总而言之,除了深入进行各种蛇类医药和保健产品的研究开发之外,还要积极保护蛇类资源,有计划地大力发展蛇类的人工养殖业,以满足我国对蛇类资源产品日益增长的需求。

第二章 蛇的形态特征和生活习性

蛇在地球上出现的时间大约是在距今 1.5 亿年前的侏罗纪,比人类要早得多。蛇的老祖宗是蜥蜴,现在的蜥蜴是蛇的亲戚。古蜥蜴演变为蛇以后,又经过它自身长期发展的历史,逐渐地形成了现在所看到的多种多样的类型。

蛇分为两大类,即毒蛇和无毒蛇。毒蛇是由无毒蛇进化而成的。据测定毒蛇在世界上出现的时间大约不会早于距今 2700 万年。毒蛇不只是对人类有害,更多的是对人类有益。不管是从养殖还是从防护而言,了解、掌握蛇类的形态特征和生活习性都是必要的。

第一节 蛇的生物学特性

蛇是蛇目动物的通称,在动物界它属于脊椎动物亚门,爬行纲,有鳞亚纲。蛇目动物在长期的进化过程中,形成了独有的生物学特性。主要体现在:外部形态、鳞片色泽、感觉器官、运动器官、繁殖和生活习性等。

一、蛇的外部形态

蛇外部形态的特征:身体细长,没有四肢,体表被覆角质鳞片,全身由头、躯干和尾三部分组成。蛇头有椭圆形和三角形两种。绝大部分无毒蛇的头呈椭圆形,而大部分毒蛇的头为三角形。躯干呈圆筒形,腹面后端有一裂形肛孔,它是蛇尾与躯干分界的标志。尾部自肛孔后端(尾基部)起逐渐变细。雄蛇的尾基部较粗,尾略长;雌蛇尾巴自尾基部骤然变细,尾略短。当用两手指紧捏肛孔后端时,雌蛇的肛孔显得平凹;雄蛇的肛孔中会露出两根半阴茎(交接器)。

二、蛇的鳞片和色泽

　　蛇的鳞片是由表皮演生而成的,不同种类的蛇鳞片大小、形状、数目及排列组合形式各不相同,是分类上的重要依据之一。尤其是头部的鳞片变化较大,一般蛇头部的鳞片较大而多为对称,鳞片之间排列紧密;背部的鳞片细小;腹部的鳞片因其生活方式不同而异。穴居蛇类腹鳞细小;树栖类和地面栖息蛇的腹鳞大而宽,呈长方形横列腹面,或为覆瓦状,前后排列;尾部鳞片的尾下鳞一般为双行,左右交错,其数目以对数计,但最后一枚为单的,少数种类(如环蛇属)为单行。同种蛇因性别不同,尾下鳞数目也有差异,一般雄性较雌性为多。这一特征也是区别蛇性别的另一个依据。

　　蛇表面的色泽因其种类不同而有差异,无毒蛇的色泽没有毒蛇的色泽艳丽,同样无毒蛇的斑纹也不及毒蛇的明显。蛇的色彩具有警戒作用,同时它又与蛇栖居的生活环境主色相近,具有保护色的功能。

三、蛇的感觉器官

蛇的头部是中枢神经的指挥部,也是蛇感觉器官最集中的部位。

1. **蛇有一对明亮的眼睛**　蛇眼无瞬膜,上下眼睑愈合为罩于眼外的透明薄膜,眼睛不能活动,眼球为圆形,瞳孔有圆形和裂孔形两种,毒蛇及其他夜行性的蛇瞳孔大都为裂孔形;白天活动的蛇一般为圆形瞳孔。蛇是近视眼,视觉不发达,只能看近,看远较差。夜行性的蛇在视网膜和眼球后壁的细胞中有一种叫结晶鸟便嘌呤的色素物质,使蛇在夜间微弱的光线下也能产生视觉兴奋,故而能在伸手不见五指的条件下运动自如和捕获食物。蛇在蜕皮时,眼外透明圆膜表面的角膜质也要同时蜕去,因此,蜕皮前,透明的圆膜变混浊,看不清东西。

2. **蛇是聋子**　因为蛇没有外耳、鼓膜、鼓室和耳咽管,因而它听不见周围空间传来的声音。但是蛇有听骨(耳柱骨)和内耳。耳柱骨埋在头后两侧的组织内,其一端连于内耳的前庭,另一端连于上颌骨中央部及嘴周围的皮肤上,以此代替鼓膜的功能。所以,当蛇全身贴在地面上时,外界传来的声波通过地表传导至它的头部或整个身体上,再通过上述的结构传至内耳,产生听觉和平衡感觉。因此,人们利用蛇类异常活动的反应作为预报地震的参考依据,也是利用这一特性。

蛇眼睛前方有一对鼻孔,它主要是呼吸门户,而不是嗅觉的主要器官。蛇的嗅觉是比较发达的,它的主要嗅觉器官是由锄鼻器和生长在口腔内的舌头共同组成的。锄鼻器有一对,位置在口腔的顶部腭骨前方深凹处,是一根月牙形弯曲的小管,末端呈盲囊,前端开口于口腔前方的顶壁,管腔表面布满嗅觉上皮,通过嗅觉神经与脑神经相连。但是锄鼻器并不与外界相通,要实现嗅觉功能,必须借助于主要助手——舌头。

蛇的舌头又细又长,尖端分叉很深,舌头的基部有舌鞘,鞘内可以容装整个舌头,当舌鞘收缩,舌头迅速从鞘内弹出,不用张口,即可从蛇的下颌前缘裂缝处伸出口外,自由地进行前后左右的活动;蛇的舌头没有味蕾,但舌尖上常有丰富的黏液和许多司化学感觉的小体,起触觉和味觉的功能。

除了上述视、听、嗅、触以及味觉等感官外,蝰蛇科的毒蛇,如蝮蛇、尖吻蝮(五步蛇)等,在头部还生长了一个特殊的热敏感觉器官——颊窝。它生长在蛇的头部两则,鼻孔与眼睛之间,眼睛前方,其形状像个凹窝,比鼻孔还要大。它是蝰蛇科的毒蛇区别其他类型毒蛇和无毒蛇的最明显的特征。颊窝前端较宽,后端较窄,其内有一层10微米厚极薄的膜将窝分隔为外室和内室,内室以一小孔与外界相通,外室直接开口于外界,朝向发出温热的物体,薄膜上分布丰富的三叉神经末梢,当内外两室的温差反映到薄膜的两面时,即通过神经末梢传导到中枢,产生感觉。

与无毒蛇类不同,蟒科部分种类的蛇,其鳞或吻鳞上有唇窝,也是热测位器,可感知26‰的温差。

蛇的口裂很大,无毒蛇在口腔上下颌间的骨头上生长着两排或四排尖细的实心牙,其作用为:①咬住食物,以防逃脱。②吞食过程中,钩挂食物,配合下颌骨转动,将食物送往咽部。它不具备咀嚼的功能。毒蛇除实心牙外,在上颌骨的前端或后端,各生有一对或数对长大的管牙或沟牙,这种毒牙在捕食时,将毒液注入被咬动物的伤口里,待其中毒死亡后,再行食用。

除了较低等穴居蛇类外,一般的蛇具有吞食比自身直径大几倍食物的本领。如蟒蛇可以吞食整只小猪、小羊或小牛。究其原因是由于蛇的头骨结构特殊:①头骨骨片数量大大减少,后额骨、方额骨、上下颞骨消失,在头骨两侧形成一个大空腔。②方骨与脑颅间以活动关节相连,可以自由活动。③下颌骨与方骨、头骨、腭骨、翼骨之间彼此也以活动关节依次连接,加之左右下颌骨在颏部以韧带相连,所以,蛇的口不仅能上下张得特别大,可以达到130°(人的口只能张到30°),还能把下颌骨向左右扩大,这是其他动物做不到的。

四、蛇的运动器官

蛇的运动器官主要由脊椎骨、肋骨、腹鳞和与之有关的肌肉共同组成。

蛇没有胸骨,但有脊柱,脊柱很长,通常由 100～400 多个脊椎组成。脊椎骨的数目,大致相当于其腹鳞及尾下鳞的数目,所以在体外可以大致数出来。特殊的是,每个脊椎骨除了具有正常的前后关节外,还都具有双重关节,这样,就大大增加了其曲绕性和灵活性。

　　脊柱的每一个脊椎骨,都与一对肋骨以活动关节相连;肋骨的末端又通过极其发达的皮下肌肉与腹鳞相连。因此,蛇在爬行时,不仅能以肋骨牵动腹鳞作前后运动,还凭借罕见的双重关节能作"S"形的左右弯曲运动,并且当蛇休息和睡眠时,能将身体盘成一个圆饼,把头放在中央。

　　至于树栖类的蛇,能在垂直的树干上爬行而不掉下来,其一是因为它们的腹鳞特别扁而弯,游离的边缘类似"V"形,且具有许多小棘,腹鳞表面具有尖锐的棱的缘故;其二是它们的身体一般比较轻细,尾部特别长,能缠绕着树枝爬行。

五、蛇的繁殖器官

　　蛇是雌雄异体,体内受精。雌蛇的体内有卵巢、输卵管,输卵管上端连于卵巢,下端开口于泄殖腔。雄蛇有成对的交配器(交接器、半阴茎)位于泄殖腔两侧,平时缩在泄殖腔内,在交配时,突出泄殖腔外插入雌蛇体内,输送精子,使雌蛇体内成熟的卵受精,有的雌蛇的输卵管后端还具有"子宫"的作用,存留受精卵体,等胚胎发育成幼蛇后再生产下来。雄蛇虽然有两个交配器,但每次交配只能使用一个。也就是说,每次只能有一个交配器突出泄殖腔外,另一个留作下次使用。因此,一条雄蛇可以与几条、多时可达40条雌蛇进行交配,但通常在人工饲养时,雌雄蛇的比例一般不会超过10:1。

第二节　蛇的生活习性

蛇在长期的进化过程中,为了适应外界生存条件的变化,形成了一些独特的生活习性。

一、栖息环境

蛇是有住宅的,而且住宅的形式多种多样,小到岩石隙缝的简陋的巢穴,大到石洞和树洞的"高楼大厦"。它选择住宅的首要条件是住处一定要温度适宜,离水不远,隐蔽良好和附近有比较丰富的食物来源,如较多的蛙、鼠、蜥蜴、昆虫、鸟等。蛇类栖息的环境随种类不同而异,大致可以分为四种:

1. **穴居生活**　即是生活在洞穴之中。主要是一些比较原始和低等的中小型蛇类。如盲蛇、闪鳞科的蛇。

2. **地面生活**　大多数蛇是在地面上生活的,如尖吻蝮、烙铁头、丽纹蛇、紫沙蛇等多生活在山区;蝮蛇、蝰蛇、眼镜蛇、银环蛇等多生活在平原、丘陵;沙蟒、花条蛇多生活于沙漠戈壁地带。然而,地面生活的蛇其繁殖、栖息都在洞内。

3. **树栖生活**　有这种习性的蛇,大多数时间栖居在乔木、灌木、树干或枝干上。如绿疲蛇、竹叶青、翠青蛇(又名青竹标、小青、青龙)等。

4. **水中生活**　大部分时间或终年在溪沟、稻田、水塘或海水中。如中国水蛇、渔游蛇和海蛇。海蛇终年生活在海水之中。

二、蛇的食性

1. **各种不同种类的蛇吃的食物是有区别的**　一般根据它所捕食动物的品种多寡将其分为狭食性蛇和广食性蛇两大类。狭食性蛇只专吃某一种或几种食物,如眼镜王蛇专吃蜥蜴和蛇;翠青蛇专吃蚯蚓和昆虫;钝头蛇只吃陆生软体动物;乌梢蛇只吃青蛙;还有非洲和印度的一种专靠吃鸟蛋为生的蛇,它在吃蛋时,先用颈椎骨上的尖长腹突和咽内上方的6~8个纵排锐锯齿,把蛋壳在咽部锯破和压碎,再将蛋黄、蛋白挤送到胃里,最后将不能消化的碎蛋壳和卵膜压成一个小圆球,从嘴里吐出来。因而这种蛇被称为蛋蛇。广食性蛇所捕食的动物品种很多,如灰鼠蛇吃的东西既有昆虫、蛙、蜥蜴,又有鸟、鼠和蛇;赤链蛇吃鱼、蛙、蜥蜴、鼠、鸟及蛇;眼镜蛇除上述品种外还会吃鸟卵。蛇捕食范围的广与窄,往往与它们的栖息环境有关。一般穴栖蛇类多吃蚯蚓、昆虫等低等动物;水栖蛇因水中鱼类很多,故主要以鱼类为食;地面栖居的蛇捕食面广,故多为广食性蛇;树栖蛇则善于捕捉鸟类,所以多以食鸟为主。

但是无论是广食性蛇,还是窄食性蛇,绝大多数的蛇都只捕食活的动物,已死的动物是不捕捉的。仅有极少数蛇除活食以外还吃腐臭的动物尸体。

2. **蛇的食物成分随季节发生变化**　这是由于:①不同季节里,食物品种与数量不同。如草原蝰在春季以吃蜥蜴为主,而在夏季蝗虫多,则以食蝗虫为主。②季节转化,原有可食动物长大,无法吞吃,只能就地选择其他品种为食。
③不同季节蛇活动的地点往往有所变动,栖息地可食动物
品种不同,摄食对象发生了变化。

3. 有的蛇类,成蛇和幼蛇食性不同 如极北蝰和蝮
蛇,成蛇食鼠,幼蛇食昆虫和其他无脊椎动物,这样就减少
了同种蛇在同一地区对食物的竞争,从而获得更多的生存
机会。

4. 同种蛇因所处地区不同,捕食的主要品种有所变化
如蝮蛇在我国华东地区主要吃蛙和鼠类;在旅顺的蛇岛
上主要吃鸟类;而在新疆西部以吃蜥蜴为主。

**5. 蛇蜕皮时,陆栖类和树栖类的蛇停止摄食,而穴栖
类的半水栖类蛇照样摄食** 这是因为前者觅食以视觉为
主,嗅觉为辅,蜕皮时,视觉模糊;后者觅食以嗅觉为主,视
觉为辅,蜕皮时,视觉模糊,但对嗅觉无碍,不影响捕食。

6. 蛇吞食方式 不是咬碎后一口一口往下吞,而是整
体吞食,"囫囵吞枣"。但它并不因吞巨食而引起窒息。蛇
是没有四肢的,因而它捕捉食物后,将咬住的小动物直接吞
入肚内。如果捕到的是大动物,难以一口吞食时,先用自己
细长的身体前半部把动物缠绕上几圈,使其窒息而死,并挤
压变得细长,然后再慢慢吞食。蟒蛇吞食大动物就是采取
这种方法。毒蛇因为生有毒牙,它们捕食较无毒蛇轻而易
举。对于看中的捕食对象,时常是采取突然袭击的方式,先
猛咬动物一口,然后立即把毒液注入被捕获的动物体内,或
咬住稍等片刻,或把动物扔掉,等几分钟后,动物中毒麻痹
时,再从容不迫地吞吃。

蛇吞巨食的本领是任何其他动物都望尘莫及不可相比的,如碗口粗的巨蟒可以吞下体长 1 米左右的一只麂子。此外,蛇吞食时,一般是从头部开始,但是也有从咬获部位直接吞食的情况。

7. 蛇的消化能力相当强　在正常的情况和允许的温差范围内,蛇的消化速度与其生活环境的温度有关。在同等条件下,环境温度高,蛇的消化速度快些;温度低时,消化速度相应缓慢。

蛇的消化能力相当强,不论吞食什么动物都能充分消化,连骨骼也无残留。只有鸟羽兽毛等不能消化,而随粪便排出。

蛇的耐饥能力也很强,使人感到惊奇,常常可以几个月甚至一年以上不吃东西。

8. 蛇一般都是嗜水动物　除沙蟒、花条蛇等荒漠或半荒漠上生活的蛇不需要额外饮水外,其余蛇类都需要常饮水。有水无食,耐饥时间较长,无食又无水,则耐饥时间会大大缩短。

三、蛇的运动形式

蛇的运动主要是依赖于它本身的特殊的运动器官。在这种器官的作用下,蛇不但能作直线运动,"S"形左右旋转运动,还能作滑翔运动(飞跃运动)、侧向运动、伸缩运动。至于蛇的游泳、钻穴或攀援运动,实际上就是上述方式的变化运用而已。

四、蛇的活动规律

蛇是一种变温动物,体温随环境的高低而波动。因此,在环境温度变化和其他因素影响下,它的活动有一定的特点和规律。其主要表现为:

1. **季节差异性**　蛇活动最适宜的温度是 20℃ ~30℃;10℃以下就不大活动;高于 40℃,又无水供应时,经过一段时间它就会死亡。因此,全年之中从春末到秋天,是蛇活动最盛的季节,其中特别是夏天和秋高气爽的秋天,蛇最活跃,经常在外游动,四处流窜,实际上它是在觅食或繁殖。我国民间流传的"七横八吊九缠树",指的是蛇在 7 月份喜欢横卧在路上,8 月份常常吊挂在树枝上,而到 9 月份则喜欢缠绕在树干上。这说明了 7、8、9 三个月是蛇类活动的高峰期。而在气温高于蛇体承受能力时,它不能经受长时间的阳光曝晒,会寻找树荫、草丛、溪边的阴凉场所休息;初春和深秋,气温较低,其活动量不大;初冬气温下降到 10℃以下时,蛇就不吃也不动,缩成一团,准备冬眠。

2. **冬眠**　冬眠,是蛇对低温条件的一种适应,也是蛇类长期以来形成的一个遗传特性。虽然,不同种类的蛇进入冬眠的时间前后不完全一致,但是每年秋天,蛇都长得肥壮,积蓄了足够的营养,然后到一定时期就钻入干燥的地洞、树洞、草堆或岩石缝隙中冬眠。据测定,当外部温度下降到 8℃ ~6℃时,蛇就停止活动,气温降到 3℃ ~2℃时蛇就处于麻痹状态;如果蛇体温降到-4℃ ~-6℃时,就会死亡。在自然条件下,通过冬眠的蛇,死亡率高达 34% ~

35%。经过冬眠的蛇,待到次年春暖花开、冰雪消融之日,便从冬眠蛰伏状态中苏醒过来,开始新的一年的生活。

生活在热带和亚热带的蛇,有些并不冬眠,而往往在炎热的夏季休眠。这种现象在动物学上称之为夏眠。夏眠期间蛇也不食不动,与冬眠蛇的状态一样。究其原因,主要是当地夏季气温过高,加之长时间不下雨,池塘干涸,水源严重缺乏,蛇类赖以生存的条件比较差,生命受到严重的威胁,因此不得不转入地下、深居简出,以夏眠的方式度过面临的危机,保持继续生存。

3. **昼夜活动规律**　蛇的活动在受环境温度影响的同时,还因其种类不同,每天活动有昼夜区别,一般来说,活动的时间可以分成三种类型:①昼出活动——主要是在白天外出活动觅食,如眼镜蛇、眼镜王蛇等;②夜出活动——主要在晚上外出活动,毒蛇多是夜出活动;③晨昏活动——多于早晨或黄昏时间外出活动,如蝮蛇。

不论哪一种蛇,外出活动的目的都是为了觅食,因而,昼夜活动的规律在很大程度上决定于捕食对象的活动时间。

4. **湿度对蛇活动有明显的影响**　各种不同的蛇,对于环境湿度都有各自的要求,它们喜欢在湿度适宜的时候外出活动。如眼镜蛇多于晴天外出活动,尖吻蝮、竹叶青等喜欢在阴雨天活动。一般在天气闷热将雨或久雨之后骤晴、湿度大时,蛇多外出活动,这时是捕蛇的好机会。

五、蛇的生长、蜕皮和寿命

1. **蛇的生长规律**　蛇在从幼蛇到成蛇的生长过程中,

是间断地、分阶段地成长。一般幼蛇生长速度快于成蛇,而年轻的成蛇又快于年老的成蛇。幼蛇只要经过 2~3 年就可以达到成熟。影响蛇生长速度的因素很多,如蛇的种类、温度、光照、食物或水分等。

2. 伴随着生长,蛇有蜕皮的现象　蛇在蜕皮时,呈半僵的状态,要在粗糙的地面、砖面、瓦砾石块或树枝上不断摩擦,先从吻端把下颌的表皮磨破一个裂隙,然后从头至尾逐渐向后翻脱,最后从旧皮的末端脱出来。蜕皮后,蛇体就随着长大起来。每年在出蛰后不久进行蜕皮 1 次;入蛰之前也有 1 次;其余时间一般是 45~60 天蜕 1 次皮,但冬眠时间是不蜕皮的。由于受蛇的种类及生活环境、条件和蛇体营养状况等因素的影响,一般一年之中,蛇蜕皮的次数为 3~8 次。在人工饲养的条件下,多的可达十几次。如果蛇蜕不下皮,就会导致死亡。

3. 蛇的寿命长短与种类、生活条件有关　根据在饲养条件下的记载和报道,一般较大种类的蛇其寿命往往长于较小型的种类。大部分蛇可以存活十几年,如眼镜蛇。寿命最长的是美国费城动物园有一条叫"波普伊"的大蟒蛇,寿命达 40 年。蛇在野生状态下,由于环境不稳定,食物不丰富,加之天敌的存在和疾病的危害,寿命要比人工饲养的短些。

六、蛇的繁殖

1. 蛇的繁殖特性　蛇是雌雄异体的动物,体内受精,以卵生或卵胎生方式繁殖后代。各种蛇的交配期不完全相同,如眼镜蛇的交配期在 5~6 月,而尖吻蝮在 10~11 月。但一般而言,蛇的交配期在出蛰后春夏之交的季节,秋冬季节比较少,蛇出生 2~3 年性器官发育成熟,具有交配的要求和繁殖能力。通常雄蛇比雌蛇成熟期较早;小型蛇比大型蛇成熟较快;生活在北方寒冷地区的蛇要比热带地区的蛇成熟慢些。交配前大多是雄蛇主动觅雌蛇,雄蛇跟踪雌蛇皮肤和尾基部性腺释放出的激素气味寻到雌蛇后,伏在雌蛇上面,将交配器插在雌蛇体内。在交配时,雄蛇情绪异常激动,不断摇头摆尾,主动缠绕雌蛇,雌蛇伏地不动,任其吻抚缠绕。有时,雌蛇会将身体直立。交配期间,蛇的情绪较平日暴躁,对外来的惊扰,会给予猛烈的攻击。

2. 蛇的交配特性 蛇交配时间的长短不同,短的只有数十分钟至数小时,长则可达 24 小时左右。交配后,并不一定立即发生受精作用,精子在雌蛇的输卵管内可以连续存活 4~5 年,人工饲养的雌蛇交配一次后,可以连续 3~4 年产出受精卵。通常一条雄蛇可供多条雌蛇交配,而一条雌蛇交配后,一般不再与第二条雄蛇交配。

3. 蛇都是卵生或卵胎生 蛇卵呈椭圆形,卵壳柔韧,白色或白褐色,常彼此粘连成团,卵(或仔蛇)的大小和数量随雌蛇的种类、年龄和身体大小而异。一般较大型蛇产卵(或仔蛇)多于小型种类的蛇;壮年、体大和健康的蛇多于年幼或年老、体小、不健康的蛇。绝大多数的蛇都是多子多孙的,它们一般产卵十几枚。产卵最少的是盲蛇,每次只产 2 枚;最多的是蟒蛇,一次可达 100 枚以上。

绝大多数蛇都没有造窝的本领,故通常雌蛇多在阴暗的地下、烂树叶、腐朽的树根、草堆、肥料堆、石头下、树洞中等隐蔽而又有一定湿度和足够温度的地方产卵,然后多靠太阳的辐射和植物发酵释放热量实现自然孵化。孵化期相差较大。影响孵化时间长短的因素主要有:①蛇的种类不同,孵化期不同。如银环蛇需要 39~51 天;眼镜蛇为 45~57 天。②决定于卵产出前在母体发育时间的长短。③与孵卵期间环境温度有明显的关系。在适宜的温度范围内,温度愈高,孵化期愈短。

少数蛇有护卵、孵卵的习性,如眼镜王蛇、尖吻蝮和蟒蛇,雌蛇产卵后就伏于卵上,自此之后,雌蛇除离巢喝水外,一直待到把幼蛇孵出为止。幼蛇出壳前,以其吻端前颌骨上生长的一临时性的"卵齿"划破卵壳,然后钻出来,到大自然生活。幼蛇孵出不久,"卵齿"就脱落。卵生的幼蛇很小。

卵胎生与卵生相比,与其不同的是,在卵受精成熟以后,并不立即从母体排出:一种是在母体输卵管后端"子宫"内滞留一段时间,等胚胎发育到一定程度时才产出,产出后不久即可孵出仔蛇;另一种是受精卵一直要等到胚胎在母体内发育成幼蛇以后,再直接产出仔蛇。卵胎生的蛇与母体不发生营养上的联系,仅只有海蛇中个别种类有例外的情况。卵胎生的习性适应于高寒地区的蛇类,也适应于水中生活的蛇类。卵胎生的蛇由于受到母体的保护,可以避免自然界不利因素的影响或外来动物的伤害,所以比卵生的成活率高。初生的仔蛇立即可以自由活动,一般都不需饮用食物,要在产出后 1~2 周才开始摄食。刚出生的小毒蛇也可能具有毒性,据报道,出生 2～3 周的尖吻蝮或极北蝰可咬死小鼠或蜥蜴;广东养殖场刚孵出的银环蛇幼仔咬人后,发生中毒现象。所以,对毒蛇的仔蛇也应小心,避免让其咬伤,以免中毒。

　　除上述习性外,蛇还有一些其他的特性,如绝大多数蛇怕人,听到人的脚步声或棍子敲地的声音就立即逃走,只有极少数毒蛇会留在原地不动,观望、对峙或准备还击;还有些蛇怕强光;怕刺激性气味;怕天敌,如鹰、雕、獴等。利用、掌握这些特性,既可以防止蛇对人的毒害,又可以保护蛇类的安全。

第三节　有毒蛇与无毒蛇的区别

　　蛇可分为有毒蛇与无毒蛇两大类。毒蛇有毒牙和毒腺,它咬伤人畜后,可以导致中毒死亡;而无毒蛇没有毒牙和毒腺,人畜即使被它咬伤,也不会引起中毒。因此,从预防的角度出发,学会区别毒蛇和无毒蛇是完全必要的。

一、有毒蛇区别于无毒蛇的根本特征——毒器

　　毒蛇的毒器是由毒腺、毒牙和毒腺导管三部分组成的(图1)。毒腺是分泌和储存毒液的器官,毒牙是捕食时对被咬动物注入毒液的工具,而毒腺导管是输送毒液的管道。

　　1. **毒牙**　蛇的口腔里长着很多牙齿。无毒蛇的牙齿一般是长在上下颌骨及其间的翼骨、腭骨上面。牙齿形状、大小相同,都是锯齿状成行排列的尖细实心牙,无毒腺相

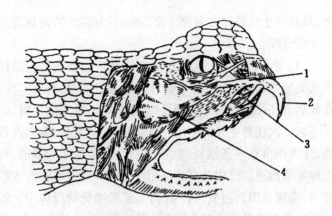

图 1 管牙类毒蛇头部构造

1. 毒腺导管 2. 毒牙 3. 副毒牙 4. 毒腺

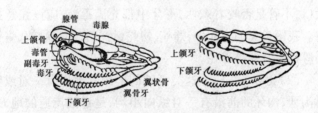

毒蛇头骨   无毒蛇头骨

图 2 毒蛇与无毒蛇的头骨

连,称之为无毒齿,用作捕食和辅助吞食的工具(图2,右)。

　　毒蛇的口腔里除了长有无毒齿外,两侧的上颌骨上还长有较长而大的毒牙(图2,左),它是毒蛇捕食的主要工具。

　　按照毒牙的形态结构,可以将其分为管牙和沟牙两大

类,具有管牙的蛇称之为管牙类毒蛇;长有沟牙的蛇称之为
沟牙类毒蛇。

(1)管牙(图3)　这种毒牙生长在口腔前端呈短圆柱
形的能竖立的上颌骨上,一般只有1对主牙,左右各1枚。
管牙后方往往长有若干对副牙,当主牙攻击敌人受损时,副
牙可以依次代替主牙的作用。管牙长大,呈管状,略向内弯
曲,牙内中央有一条细长的空心小管,贯穿毒牙的基部,与
毒腺导管相通。其构造宛若医用注射器。当毒蛇咬人或捕
食时,毒液立即通过管牙注射到人或所捕食物身体中。管
牙可以自由活动。平时,当蛇口闭合时,管牙向后收起,紧
贴在上颌骨之下,一旦蛇口张大,管牙立即自然向外直立竖
起,作攻击状,毒液被挤入其中。所以,管牙类毒蛇只要张
大口,不管是否咬着东西,毒牙中都充满毒液,应该注意提
防。我国常见的毒蛇中,蝰蛇、蝮蛇、竹叶青和尖吻蝮、烙铁
头等都是管牙类毒蛇。

(2)沟牙(图3)　这类毒蛇的上颌骨上生有一对或数
对沟牙,沟牙的前沿有一对纵向小沟,是毒液流通的地方,
沟牙比管牙短小,不能竖起活动,可以有副牙。毒牙被折断
后,约过月余还可再生。沟牙按其在上颌骨上生长的位置,
又可以分为前沟牙和后沟牙。前沟牙长在上颌骨无毒齿的
前方,一般为一对,左右对称;后沟牙长在上颌骨无毒齿的
后方,可以有两对以上。长有前沟牙的毒蛇称为前沟牙类
毒蛇(图3);长有后沟牙的毒蛇称为后沟牙类毒蛇(图3)。
我国常见的毒蛇中,眼镜蛇、眼镜王蛇、金环蛇、银环蛇等都
是属于前沟牙类毒蛇;而游蛇科的毒蛇,如绞花林蛇、繁花

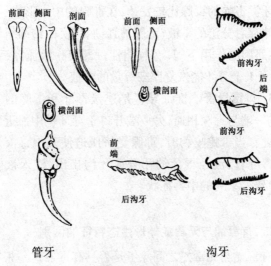

前面　侧面　剖面　　　前面　侧面

横剖面

前沟牙

后端

前沟牙

前端

后沟牙

后沟牙

管牙　　　　　　　　　　沟牙

图3　毒牙

林蛇、紫沙蛇和水蛇属后沟牙类毒蛇。

　　管牙类、前沟牙类毒蛇的毒牙生长位置靠近前方,对人的毒性和危害性较大;后沟牙类毒蛇因毒牙位置在上颌骨后端,咬人时很难发挥其攻击作用,注毒不完全,因此对人的危害性比前两类毒蛇小些。

　　2. **毒腺**　凡是毒蛇都具有1对毒腺,位于头部两侧、眼后、口角的上方,完全被皮肤所包围,从外面看不见。它是由部分唾液腺衍化而成的器官,里面充满毒液,其形状、大小随蛇的种类和蛇体的大小各不相同。同种毒蛇,蛇体愈大,毒腺的体积也愈大,所储毒液也愈多,分泌的毒液量也就相应较多。毒腺的大小一般不超过毒蛇头的长度,但有的蛇毒腺非常长大,甚至可以扩张到腹腔内。管牙类与前沟牙类毒蛇的毒腺比较发达,在毒腺的中央形成一毒囊,囊内储存着分泌的毒液,毒腺被强韧、结实的结缔组织所包围,在肌肉的作用下,具有收缩性。毒液一次流完后,需要10天至1个月才能恢复原来等量的毒液。

3. 排毒导管　排毒导管是连接毒牙和毒腺的一根腺管,它一端与毒腺相通,另一端开口于毒牙鞘中靠近毒牙的基部处。当毒蛇咬物时,毒腺受挤压迫使其中毒液迅速地沿排毒导管,流经毒牙的牙管或牙沟排出,注入被咬物体内,导致一系列的中毒症状。

二、有毒蛇与无毒蛇外形生态特征的区别

有毒蛇与无毒蛇之间除了是否具有毒器这一根本区别之外,在外形、生态方面也有一些明显的不同特征,主要表现在:

1. 头部形状　大多数毒蛇的头部较大,呈三角形;无毒蛇(除颈棱蛇外)头部较小,呈椭圆形。但眼镜蛇科的许多种蛇和海蛇头部也呈椭圆形。

2. 瞳孔　大部分毒蛇的瞳孔是裂孔形;而无毒蛇的瞳孔大多是圆形。但夜行性无毒蛇的瞳孔也是裂孔形。

3. 体表色泽斑纹　毒蛇一般都比无毒蛇的色泽要鲜艳得多,斑纹也要清晰、显目得多。但也有例外的情况,如玉斑锦蛇的色泽艳丽、斑纹明显,以致常被误认为毒蛇。

4. 体态　毒蛇的体态显得粗短,如尖吻蝮是典型的粗短型;而无毒蛇的体形大多均匀细长。

5. 尾部　毒蛇的尾部短钝或短尖,自肛孔后骤然变细,与蛇体很不相称。有的毒蛇,如烙铁头尾部虽较长,但自肛孔后仍是骤然变细;而无毒蛇的尾部较长,自肛孔后逐渐变细,与体部均匀相称。

6. **习性**　毒蛇与无毒蛇在某些习性特征上,差异是较显著的。一般毒蛇性较懒惰,大多在傍晚、夜间活动,盘蜷休息,睡觉时,头部多插到腹下(尖吻蝮除外),行动迟缓,爬行时姿态蹒跚。受惊后,爬行速度较慢,行动较迟缓,发现人后不逃跑或逃跑慢,如眼镜蛇;无毒蛇大多机警敏锐,爬行敏捷,胆小怕人,稍被惊动就会迅速逃窜得无影无踪。盘蜷休息或睡觉时,头部往往架在背上向上微昂起,如乌梢蛇、玉斑锦蛇等。

但是必须指出的是,上述体征、习性的区别不是绝对的,只是体现出了两大类蛇中大多数种类具有的共同特征,绝对不能将其单独视为区分或识别的标准,否则将会铸成大错。如毒蛇中的金环蛇、银环蛇、眼镜蛇、眼镜王蛇等一些蛇种的头部不是三角形,而像无毒蛇一样,呈椭圆形,又如白腹眼镜蛇虽是毒蛇,但全身灰色,一点斑纹也没有,如果按"头为三角形",或"色彩鲜艳、斑纹显著即为毒蛇"来区分,这些毒蛇都会被认作无毒蛇。因此,在使用上述体形、生态习性的特征差异来区别有毒蛇和无毒蛇时,必须持慎重态度,对具体问题要综合各方面的特征进行全面的对比分析,予以鉴别。

三、从外形上识别我国常见的几种毒蛇

我国产毒蛇有 40 余种,常见的只有十几种,其中有 10

种毒蛇,因其分布面广、毒性强,经常对人畜造成伤害,特将它们单独放在下一章进行介绍,这里只对其余的5种毒蛇的外形作一简单的描述,以有利于帮助识别。

1. **海蛇**   又称蛇婆,是终身生活在水中的蛇类。一般体长1米多,头和躯干略呈圆筒形,一对鼻孔垂直向上开口于吻管,大多数没有鼻间鳞,舌头较短。背面灰褐色,全身有暗褐色环纹,体后部及尾侧扁,腹面黄色或青色,腹鳞与背鳞不易区别。

2. **绞花林蛇**   身长1～1.2米。头大,略呈三角形,瞳孔直立椭圆形;颞部被小鳞,无颊窝。体形细长,背面棕褐色或紫褐色;背正中有一行镶黄色边的棕黑斑,有50～80个;体两侧有较窄的横斑;腹面淡棕黄色,布满棕灰色细斑点。

3. **繁花林蛇**   体长1米左右,头大颈细;瞳孔直立椭圆形,无颊窝。脊背略呈扇形,体形细长略侧扁。背面红褐色,头部两侧各有一黑褐色纵纹从眼后到口角;从吻到颈部有一粗大箭形黑斑,躯干、尾背面有三行粗大的黑斑彼此交错排列。腹面灰黄色。

4. **紫沙蛇**   头颈区分明显,吻较短,吻端平切向下,吻棱显著,眼大,鼻孔小,位于鼻鳞正中,瞳孔直立椭圆形,无颊窝,头呈三角形,全身长60～90厘米,背紫褐色或棕褐色,头背有"＊"形深褐色斑,躯体部有"Λ"形斑,腹面黄褐色,散布紫褐色小点。性凶猛,常主动咬人,但毒力较弱。

5. **中国水蛇**   体长60厘米左右,头略呈三角形。体较粗壮,尾略短,背面暗灰色。鼻孔开口于吻背面,无颊窝。

头后至颈部背面中线有黑纵纹斑一条。体鳞外侧第一行带黑色,第二、第三行鳞片为棕红色,形成整齐的长条纹。腹面黄色,前后缘均有暗灰色的斑点,属后沟牙类毒蛇。

四、几种常被误识为毒蛇的无毒蛇

有些在国内分布较广的无毒蛇,或是由于色斑鲜艳,或是因其牙形似毒牙,或是因外形体态特殊等原因,常常在当地被有的人视为毒蛇。

1. **黄链蛇**　产于华南、华东及贵州省。经常被误认为金环蛇。主要原因是蛇身背面有黑黄相间的横纹。但这种横纹的宽度比金环蛇窄得多,其数目也比金环蛇多些。尾部形状相差显著。

2. **黑背白环蛇**　产于四川、贵州和华东、华南大部分省(区)。经常被误认为银环蛇。主要原因是蛇背面有黑白相间的横纹。事实上该蛇与银环蛇有明显的不同之处,主要表现在:脊鳞不扩大成六角形;有颊鳞;体背白横纹在体侧分叉。

3. **乌梢蛇**　分布于南、北方,数量多,常被误认为眼镜蛇或眼镜王蛇。其主要原因是,体背颜色相似,躯干背脊处有黑斑纹。其实此蛇与眼镜蛇或眼镜王蛇的差别除了色斑变异大,体背不是黑横纹外,在运动敏捷、迅速、前半身不竖立、颈部不膨扁等特征上也存在着显著的差别。

4. **颈棱蛇**　广泛分布于我国西南山地及南方山区。常被人误认为蝮蛇或蝰蛇。其原因除体形色斑与后二者相似外,主要是头部呈三角形,这是我国惟一的头非椭圆形的无毒蛇。实际上此蛇与蝰蛇的主要区别是,前者头背鳞片大而粗糙,体背面是两行大斑块;后者头背是小鳞片,小鳞片上有棱,体背有 3 行黄边大圆斑。而与蝮蛇的主要区别在于它没有颊窝。

5. **钝尾两头蛇**　目前只在海南发现过。此蛇被误认为毒蛇的原因是外观上看上去尾短,而且好像有两个头,奇形怪状,与众不同,引起人们心理上的一种恐怖感,以为它是毒蛇,实际上它只有一个头,误认为有两个头的原因是它颈部与尾基部两侧各有一对黄斑,并且头与尾形状和色斑相似。除上述的两个原因以外,其他各项特征均与毒蛇毫无共同之处。

6. **尖喙蛇**　分布于广西和海南。这种蛇之所以被误认为毒蛇是有历史原因的,因为过去有些资料将它列入后沟牙类毒蛇。实际上,此种蛇最后 2 枚上颌齿虽然粗大,但无沟,根本不是毒牙。历史资料上将它列为沟牙类毒蛇是错误的。

除了以上这 6 种蛇以外,还有翠青蛇因为全身绿色而被误认为竹叶青或白唇竹叶青,其实两者明显的区别是前者头部不是三角形而是椭圆形,无颊窝,尾端不呈焦红色。此外还有虎斑游蛇、红脖游蛇、赤链蛇也都因上颌齿最后几枚牙较粗大,而被误认为是毒牙,故常被当地有的人看作毒蛇。其实这几种蛇的那几枚牙齿表面并无沟,根本不是毒牙,当然也不是毒蛇。

第三章 蛇的养殖

人工饲养和繁殖毒蛇,是开发利用蛇类资源和发家致富的重要途径,这样既能满足国内外市场的需要,又可发家致富;同时还避免了滥捕,防止破坏自然生态,开辟蛇类资源。

第一节 可供养殖的蛇与种蛇

养蛇,古今中外都有记载。如我国古代有饲养黑锦蛇用以灭鼠;国外有饲养蛇看守仓库和住房;巴西还有人专门饲养一种性情温和、不伤人的蟒,用来看门对付当地的毒蛇。但是,目前国内养蛇灭鼠已经很少见了,养蛇的目的已转向综合利用,以获得较高的经济效益。

一、可供养殖的 10 种毒蛇

1. **金环蛇** 体长 1.2~1.5 米,最长者可达 1.8 米。头部小,略呈椭圆形,稍大于颈,眼小,无颊窝。头背黑色,有"Λ"形黄纹斜达颈外;背鳞平滑,周身 15 行,背脊显著突起,脊鳞扩大呈六角形。头、躯干和尾部有黑黄色相间的宽环纹环绕周身,黄色环带比黑色环带要窄,躯干部有黄环24～33个,尾部有3～5个。腹部呈白色。体粗壮,尾极短,末端为钝圆形。具前沟牙,属剧毒蛇。

金环蛇常栖于湿热地带的平原、山区、丘陵的丛林中,近水域的塘、溪沟边及山洞中,喜晚间活动捕食。食性广,以蜥蜴、蛇类为主,偶吃蛇卵、鱼、蛙、鼠等。性和顺而胆怯,不主动袭击人。畏强光,白天受惊扰时,蛇体作不规则的盘曲状,将头藏在腹下,或将躯体作扁平扩展,急剧摆动后段和尾部,以图挣扎脱逃。幼蛇性凶猛,活跃。卵生,产卵期在5月,产卵8～12枚于落叶堆下或洞穴内,雌蛇有护卵习性。

2. **银环蛇**　体长1～1.2米。头部椭圆形,稍大于颈部,头顶紫褐色,眼小,吻端钝,无颊窝。全身背侧有黑白相间的环纹带,其中躯干部有白环30～50个,尾部有9～15个,白环较黑环窄。背鳞光滑,周身15行,背面正中一行鳞片扩大呈六角形。腹部为乳白色,略有灰黑小斑点,尾细长而尖。具前沟牙一对,属剧毒蛇。雄蛇头部比雌蛇大,尾部也比雌蛇大。

银环蛇栖息的环境与金环蛇相似,在平原和丘陵地带常见。白天多潜伏于田埂边或墙脚下洞穴、乱石堆下;晚上喜在水边、溪边或山坡、住宅的岩洞周围活动觅食;秋季的中午或阵雨后也偶尔出来活动。食性较广,以鱼、蛙、蜥蜴、蛇为主食,有时也吃鼠类;进食后,常停在路上,深夜或黎明前才返回洞内;特别是夏秋季晚上吃饱后,横卧桥头、路边,容易误踩而伤人;秋末的中午或阵雨后的白天也出来活动。

成蛇性怯,但较敏感,人稍接近,会采取袭击动作,并易张口咬人,畏强光,白天多隐伏盘成圆饼状,将头隐埋入其中。每年从立冬到次年清明前后为冬眠期,有几十条蛇群聚越冬的现象,若遇晴天也可见到它出来晒太阳。卵生繁殖,产卵期5~8月,1次可产卵5~15枚,多时达20枚;卵有硬壳和软壳两种,软壳成冬瓜形,白色透明带肉红;硬壳呈椭圆形,灰白色;产卵集中,黏成一团;卵约经1个半月,即能孵出小蛇,3年后达到性成熟。

3. **眼镜蛇**　体长1~2米,最长者可达3米。头部微扁呈椭圆形,瞳孔圆形,无颊窝。头部及体背黑褐色,颈部膨扁,颈部背面有一对周围白色中央黑色的眼镜状的圈纹。当头部扩展时特别明显。颈腹面有两黑点及一黑横斑,躯、尾背面常有均匀相间的白色细横纹,幼蛇尤为明显,腹面色较浅。尾长为11~21厘米。

眼镜蛇栖于平原、丘陵、山区的灌木林中,或溪沟鱼塘边、稻田公路和住宅附近的湿地。主要在白天活动捕食,天气闷热时多在黄昏出洞,夜间可以准确地咬击目的物。捕食鱼、蛙、蜥蜴、鸟、鸟卵和鼠,也吃其他蛇类,夏季暴雨后经常爬进住房内觅食鼠类。最活跃的季节是每年5、6月及11月,每天上午10时到下午2~4时。大雪至惊蛰为冬眠期。

该蛇明显的活动特征是当被激怒时,采取一种特殊的进攻姿态,即前半身竖起,头平直向前,颈部膨大,发出"呼呼"声音,发声的同时毒液向外喷出,有时可喷1米多远,属前沟牙类毒蛇,毒性极强。

卵生繁殖,5~6月进行交配,6~8月产卵,数量为10~18

枚,经 50 天左右孵出仔蛇;孵化期间,亲蛇常在产卵处周围活动。

此蛇能攀树,但无缠绕能力。性情较凶猛,一般不主动袭击人。

4. **眼镜王蛇**　蛇身全长为 2～3 米,最长者可达 5 米多。外形与眼镜蛇相似,头部也呈椭圆形,无颊窝。颈部扁而宽,颈部腹面有两点及一黑斑纹。但显著不同点在于:头背具有一对较大的枕鳞,这是其他蛇类都没有的特征;颈部没有眼镜状斑纹而是"Λ"形斑,颈部膨扁时看得更清晰,腹面咽喉部黄色有斑,体背黑褐色,体背前半部有波状黑横纹,后半部及尾背有窄横斑;腹面灰褐色,幼蛇头背有 4 条浅色横纹,分别在吻、眼的前后和头后部位。

眼镜王蛇多栖于平原或高山密林之中和溪塘附近,岩洞或树洞之内。后半身能缠绕在树枝上,前半身悬空或昂起;喜在白天活动,主要捕食蛇类和蜥蜴,食性窄;性凶,是世界上最凶猛的一种毒蛇,行动十分迅速,即使不受惊扰,也会主动伤人。当受到激怒时,也和眼镜蛇一样,竖起前半身,颈部膨扁,头平直向前,发出"呼呼"之声,随之毒汁四溅,毒性极强,属前沟牙类毒蛇。

卵生繁殖。母蛇有护卵习性,往往产卵于以落叶堆成的巢窝内,一般产卵 21～23 枚,多时达 40 枚;雌蛇盘伏在落叶堆上,有时雄蛇也参与护卵;初孵出的小蛇长达 0.5 米,性凶猛,为毒蛇中体形最大的一种。

5. **蝮蛇**　体长 1 米左右,最长可达 1.3 米。蛇头较大,略呈三角形,与颈明显有别,吻钝,鼻孔大,无颊窝。体粗尾短,笨重像树干。体尾背棕灰色,背面有三行链状大椭圆斑,圆斑外圈镶黄色,内为黑色,中间为深棕色,在背正中前后每两个(圆)斑有一对略呈三角形的黑斑。腹面灰白色,有紫褐色小圆点。

蝰蛇生活在平原、丘陵或山区,主要栖息在开阔的田野中,茂密的森林区很少发现。其活动范围夏季一般多在丘陵地带,炎热时多在阴凉通风处,常盘圈成团,秋收时在稻田中常有发现,所以9~10月间人被咬的机会较多。食性较广,捕食鼠、鸟、蜥蜴及蛇类,有时进入住室觅食鼠类。行动迟缓但凶猛,袭击目标前,躯干部先向后屈,然后再猛然地离地面向前射去,并且有咬住动物久而不放的习性。幼蛇性更凶猛。受惊时,身体不断作膨缩动作,发出"呼呼"的声音,可持续20~30分钟。卵胎生。孕期6个月左右,6~7月产仔蛇,一般为30~40条,最多时达63条。

6. **竹叶青** 体长70厘米左右,最长者可达1米,头部大,呈三角形。颈细,头背部覆以细小鳞片,第一上唇鳞与鼻鳞之间有鳞沟截然分开,有颊窝。眼睛大而突出,瞳孔红色,体侧具有一条白色纵线(雌蛇)或白色伴红色的纵线(雄蛇),也有不具这种纵线的。腹面淡黄色。尾背及尾的尖端焦红色,所以又有"焦尾巴"之称。

竹叶青是树栖生活的蛇,常在山区树林中或阴湿的山溪旁杂草丛、竹林中或岩石上遇见,经常以尾部缠在树枝上吊挂着。尤其喜栖于山洞旁树丛中,多于阴雨天活动,昼夜都出外寻食,夜间活动更频繁,以蛙、蜥蜴、小鸟、鼠类、蝌蚪等为主食,食性广。具管牙,毒腺小,排毒量较少,毒性与前几类毒蛇相比较弱。卵胎生,产仔期在 7~8 月,每胎产仔蛇 3~15 条。大雪至惊蛰进入冬眠。这种蛇有时被人发现后并不逃窜,或是游窜躲闪,或在周围有水时,就缓缓向水中游去。

7. 白唇竹叶青　与竹叶青蛇体色斑很相近,但白唇竹叶青与竹叶青形态特性有显著不同之处是:①头部第一枚上唇鳞与鼻鳞完全愈合或只有极短的鳞沟。②体侧纵纹白色全无。此外,在习性上白唇竹叶青一般栖息在平原、丘陵或山间盆地的杂草、灌木丛中;间或在住宅附近捕食鼠类。产仔期在 6 月中下旬至 7 月,产仔蛇量每次 11~13 条。

8. 蝮蛇　蝮蛇的个体较小,一般体长 0.6~0.7 米,头略呈三角形,吻棱明显,头部两侧有颊窝。眼后至口角有一条黄褐色纹带,背面灰褐到深褐,头背有一深色"Λ"形斑纹,颊部有一黑纹,其上缘有一明显的白色纹,上唇缘色浅;躯干背面斑纹变异很大,或有两排镶黑色的深褐色圆斑,圆斑数有 28~35 个;体侧有一列黑斑点,腹面灰白到灰褐色,杂有黑斑。体色与泥土色相似,是一种天然的保护色。具管牙,尾短而末端尖。

蝮蛇栖息于平原、丘陵、低山区或城镇郊区、田野、溪沟边、杂草丛中、坟墓乱石堆下、菜地。夏秋两季分散到稻田、菜园、路旁活动;天热时,从晚上 8 时到次日凌晨活动频繁,尤其是闷热的夜间特别活跃,雨后常爬到树上觅食,天凉时中午 12 时到下午 2 时活动较多。长江中下游地区大雪到惊蛰为冬眠期,冬季气温回升时出洞晒太阳。捕食蛙、蜥蜴、鼠类、鸟、鱼等。性懒而凶猛,行动迟缓,不主动伤人。

当受惊时,体变为扁平,尾间颤动。大多是在扯草、摘菜或夜间行走时被踩才咬人,咬人后亦不立即逃遁。卵胎生繁殖。5~9月交配,并能连续3~4年形成受精卵,8~9月产仔蛇2~15条。新生仔蛇即能咬人,2~3年性成熟;寒冷地区3~4年成熟。毒性大。

9. **尖吻蝮**　尖吻蝮蛇体长1米左右,最长者可达1.8米。体躯粗短,头大,呈三角形,口宽大,具管牙,有颊窝。吻端有向上突出翘起的吻鳞和鼻间鳞,像个翘鼻子,这是它突出的特点。头、颈有明显的区分。头背黑褐色,体背面约有20个规则的大方形斑,状若棋盘格,方斑由左右两侧大三角形斑在背中线相接而成;如左右两侧大三角形斑交错排列,则将构成锯齿状阔纹斑。腹面乳白色,咽喉部杂有小黑点;腹鳞中央和两侧有大黑斑。尾短扁而尖,其体色与落叶、石块、牛粪相似。

尖吻蝮栖于海拔100~200米的小山丘到1300米的林木繁盛的山区,常藏身于溪沟边岩石下、杂草和柴禾堆中。主要在夜间活动捕食,白天常盘曲成圆形,有时缠绕在树上;喜欢阴雨天活动。有扑火习性,见到火光就要主动出击。当人畜迫近时,会突然袭击。主食鼠、鸟、蜥蜴及蟾蜍。大雪至惊蛰为冬眠期,常在山区树根附近发现蛇的洞穴,洞深达0.6米。卵生繁殖。产卵期6~8月,每次产卵15~16枚,母蛇有护卵习性,经月余孵出小蛇。

10. **烙铁头**　蛇体长0.7~1米,长者可达1.3米。头部狭长,头呈三角形,颈细,状似烙铁。吻较窄,头背覆细小鳞片,有"∧"形斑纹,头侧有颊窝。眼后至口角后一黑褐色细纹,其上缘为红褐色;体背棕褐色或灰褐色,中央有 50 个以上镶有浅黄色边的紫色斑块。体侧各有一行较小的暗紫色斑,腹面黑褐色,散布有许多斑点。蛇的色斑类似野猫或金钱豹的花纹。尾细长而有缠绕性,具管牙。

烙铁头主要栖息在山区灌木林、竹林、山溪边;有时也在石垒墙的石头缝中、住宅附近的洞穴中,或盘伏在柴堆上;因其善爬树,故有在鸟窝中生活的情况。多在晨、昏和晚上活动,夏季下阵雨的午后和夜间常在石板上乘凉。主要捕食蛙、鱼、鼠、小鸟等。它行动迟缓,一般不主动伤人,只有在夜间行走误踩时才会伤人。卵生繁殖。产卵期在 8 月,每次产 5～18 枚,卵产于土洞或以落叶堆成的巢窝内,亲蛇在洞边护守,直到小蛇孵出,护卵期间,会袭击趋近其巢的人。此蛇小雪至清明进入冬眠,常利用树洞、竹洞作越冬场所。

二、可供养殖的 10 种无毒蛇

人们普遍食用或药用的肉蛇是指长势快、形体大、发育好、产蛋(或产仔)多、肉质佳、养殖效益好的无毒蛇。下面介绍的 10 种无毒蛇,可供养蛇场或专业养蛇户参考。

1. **黑眉锦蛇**　又名黄颌蛇,俗称家蛇,三索蛇,菜花蛇等,成蛇长 1.5～2.3 米。背面灰绿色,背上与体侧都有黑色带状斑纹,上唇和咽喉部黄色。眼后有明显的黑纹延伸到颈部,故名“黑眉”。从体中段开始有四条黑色纵纹达尾部末端。常栖于房屋内,捕食鼠、雀。是肉食、蛇火锅、蛇肉串、蛇烤片的主要蛇种,母蛇每次产卵 7～15 枚。

2. **王锦蛇**　又名棱锦蛇,俗名菜花蛇、锦蛇、大王蛇等。有奇臭,体长可达 2 米。背面暗黄绿色,鳞片黄底黑缘;体前半部还有 30 条左右黄色横斜纹;腹面黄色,有黑色斑纹,栖息于山区和平原,食鸟卵、鼠类和其他蛇类。动作敏捷,性凶猛,长势快,是上市量最大、受欢迎的肉蛇之一。产卵期在 7 月,每次产卵 8～16 枚。

3. **赤链蛇**　亦称火赤链蛇,俗名红百节蛇、红斑蛇、红四十八节。长可达 1 米多。头黑色,鳞片边缘暗红色;体背黑褐色,有 60～70 条红色窄横纹;腹面白色。生活于田野及村庄附近,捕食鱼、蛙、蟾蜍、蜥蜴等。是各地泡制蛇药酒的主要原料之一。东三省泡制的"参蛇酒"便是此蛇,治疗风湿有显效,胆可入药。卵胎生,每次产仔蛇 7～12 条。

4. **斑锦蛇**　俗名玉带蛇、神皮花蛇。其斑纹和色彩十分亮丽好看。主要捕食鼠类。可食用及入药。

5. **百花锦蛇**　俗名白花蛇,体长可达 1.6 米。头细长,淡灰色,无斑纹。背面淡灰色,有六角形黑边的暗灰色斑纹 31～32 个。体的两侧,也各有类似的较小斑纹一列。腹面白色;在颈部、腹部、尾部有黑色与白色相间的宽斑纹。尾部肉红色,有宽的黑色斑纹 11～12 个。生活于平原和丘陵。主要捕食鼠类。为食用和药用的主要蛇种之一。其肉和胆用作"五蛇酒"或"五蛇胆酒"。两广一带常用此鲜蛇或干品泡酒,治疗风湿、关节痛等症。

6. **乌梢蛇**　俗称乌蛇、乌梢鞭、乌药蛇等。成蛇个长者可超过 2 米。背面颜色由绿褐、棕褐到黑褐,也可分为黄乌梢、青乌梢或黑乌梢,有两条黑线纵贯全身,此黑线在成年蛇的身体后部分逐渐变得不明显。腹面灰黑色。生活于山地、田野间，以蛙、鱼等为食。乌梢蛇早在李时珍的《本草纲目》中有介绍，对其食用或药用的双重疗效作过详尽的说明。现在，乌梢蛇以其独有的食、药、保健疗效，再度被人们重视。传统中药的乌蛇即为本蛇的干品，皮可用于制作高档工艺品。此蛇或胆均可独立泡制"乌蛇酒"或"乌蛇胆酒"，很受中外消费者的欢迎。乌梢蛇长势快，适应能力强，市场销售好，很适合人工养殖。母蛇每次产卵 7～23 枚，孵化期 45～50 天。

7. **滑鼠蛇** 亦称草锦蛇，俗名水律蛇。成蛇全长可达 2 米。头背黑褐色，唇鳞淡灰色，背面黄褐色，与乌梢蛇颜色相仿，但无黑线贯穿。腹面黄白色，腹鳞后缘两侧为黑色。生活于山地和平原，以蛙、蟾蜍、蜥蜴、鸟、鼠类为食。因其皮大而厚实，被推为最上品的"水律皮"便是此种蛇皮，是常用的食用蛇种。

8. **灰鼠蛇** 亦称灰背蛇。俗名黄肚龙、黄梢蛇、过树龙。成蛇长可达 2 米以上，背面暗灰色；各鳞边缘暗褐色，中央蓝褐色并前后相连而成纵线。腹面淡黄色，各鳞两侧为蓝灰色，在尾部为暗褐色。生活于山地和平原，以蛙、蜥蜴、鸟、鼠类为食。是浸制三蛇酒的原料之一，胆可入药。

9. **棕黑锦蛇** 俗名黄药松、黄长虫、乌虫等。成蛇体长 1.5～2 米。食鼠类及鸟类，是常食用的无毒蛇之一。

10. **虎斑游蛇** 亦称竹竿青蛇、野鸡脖子。全长近 1 米。体身主要为绿色，体前段杂有桔红色和黑色斑纹，体后段只有黑斑，下唇和颈侧白色，腹部黄绿色。生活于草原、山野、水边或水田、湿地等处,捕食蛙、小鸟、小兽。可食用和入药,东北地区特喜爱此蛇,常用以泡制"参蛇酒"。

三、种蛇

希望能得到品质优良、体格健壮的种蛇,这是所有养蛇者的共同心愿,因为它直接关系到养蛇的经济效益。

1. **选择种蛇的要求**　获得种蛇的途径有两条:①自己到野外捕捉,然后再经过选择。②到产地购买捕获的野蛇,或是到人工饲养的蛇场引种。

对于已获得的蛇,如何判别它能否作为种蛇呢? 首先应该对蛇的外形、体表进行初步检查。

理想的种蛇,从外观上看,应该是体格健壮、迅猛有力、无病及无内外伤,毒蛇应该具有完整的毒牙。

检查时,应着重注意:①毒牙是否完整;②有无内伤和外伤;③有无胆囊。一般蛇的外伤很容易用肉眼看到。如表皮上略有伤痕,涂擦碘酒后做种亦无大碍。关键是查有无内伤。具体做法是:把蛇放在地上,观察它的爬行姿态与爬行的自然感与灵活性;或是以两手执其头尾,自然拉直,看其蜷缩能力,蜷缩能力强,说明无内伤,反之,则不能做种。对于用肉眼暂时难以判别的蛇,或是不慎已购回不太合格的蛇,可以先隔离试养一段时间,加强观察,再决定取弃。

对于已通过外观检查认可的蛇,在放入养蛇场前还必须经过严格的检疫,以防带菌蛇将传染病带入蛇场。检疫工作可由专门的防疫部门执行,也可由现场兽医承担,但一定要严格地执行有关的规定和制度。在检疫期间,选留的种蛇要在场外其他地方隔离饲养,以观察其健康状况。必须在确认为健康无病后,才能将种蛇放入蛇场中集中饲养。

2. **种蛇的运输**　种蛇捕获或购到以后,怎样才能使它经过长途跋涉,平安抵达目的地,这是很多养蛇者感到棘手的事情。因为蛇是野生动物,大多胆小怕惊,有的蛇性情暴怒,在运输途中,可能互斗受伤;食物和饮水供应不及时,温度、湿度过高时,都会造成种蛇的死亡。为了帮助养殖户解决这个问题,下面介绍目前实用的方法。

(1)种蛇的储运器具　目前运蛇的储存器具主要有:木箱、铁丝笼、竹篓、布袋等。这些器具,各有优缺点,可以根据实际情况而择用。如竹篓轻便,容量较小,并易被老鼠咬破或在途中破损,故不能用于长途运输,短途尚可;布袋携带轻便,但装蛇的数量有限,用于长途运输,也易破损,所以单独使用只宜于短途装运;铁丝笼和木箱质地较坚固,破损率较小,只要结构牢固坚实、通风透气,用作长途运输是比较适宜的。有时为了更保险和安全,在木箱和铁丝笼中再悬以布袋,袋中装蛇,有利于防止碰撞和减少震动。

(2)种蛇的装箱　在起运之前,种蛇必须要集中装入储运器具。进行这项工作,必须要注意以下几点:

甲、装箱场所的光线要充足、明亮,切忌阴暗。光线亮处,人眼可以看得很清楚,而种蛇恰恰与此相反。

乙、若原来的器具中有毒蛇与无毒蛇混装,应将其分装。取蛇时应先取毒蛇再取无毒蛇。慎防混淆视线而被有毒种蛇咬伤。取蛇时应戴上猪皮革制成的长手套。

丙、捉取有毒种蛇，必须胆大心细。当毒蛇盘伏时，可先摇振使其散开后再捉；抓蛇一般抓其尾部或中部；但眼镜王蛇却例外，应先抓头部，当它发凶时，应握住其头部上下用力抖动几下，蛇受振荡后会暂时停止发凶；炎夏时应将蛇置于铁笼中稍凉后再捉取。

丁、装运某些凶猛的种蛇，可以用胶布将其上下吻缠绕贴牢，但要注意不能影响其呼吸。

戊、应按种类和大小区别装箱，当条件不足时要注意到不能把凶猛的毒蛇与一般的蛇混装，避免大蛇吃小蛇；不能把眼镜王蛇与眼镜蛇混装，不然会互斗受伤。

己、当采用布袋悬吊于铁丝笼和木箱之中时，布袋中的种蛇不能装得太多，一般中等大小的蛇装 10～15 条，袋口必须扎紧；木箱吊袋装运时应使布袋平铺箱底，以免袋中的种蛇堆成一团。此时各储器的尺寸为：布袋长 0.8～1 米，口径 0.25 米，长筒形，木箱长 0.6 米、宽 0.4 米、高 0.3 米，近箱盖四角约 6 厘米处各开一长 2～3 厘米的裂孔，用于穿绑悬袋用的布带；铁丝笼的直径一般为 60 厘米，高度以易搬运为宜。

庚、直接装箱时，放入储运器中的蛇不宜过多，其密度宜适当稀一些，一般每只蛇笼内蛇的数目大蛇不超过 10 条，小蛇 15～20 条；而长 0.8 米、宽 0.5 变、高 0.25 米的木箱，装中等大小的蛇 10 条足够。只有短途运输时，才能适当地增加一些。

申、查看布袋是否还有蛇时，应将袋悬空，切不可着地。以防袋中的余蛇有支撑点，向上窜咬人。如查知袋中还有

2～3条蛇时,可从袋中摸到蛇的头部后提出。

寅、种蛇装箱之后,在箱外要加注标识,注明箱内蛇种和数量,便于查考有无漏失。箱外加锁。

3. 种蛇运输途中的管理　为了尽可能地减少运输途中种蛇的死亡率,确保种蛇的健康与安全,在运输途中必须加强管理。要力求缩短途中运输时间,争取早日到达目的地;要保证及时供水、供食;经常检查储运器具,若有破损,应及时修补更换;想方设法保证储器内正常温度和保持凉爽通风,注意保暖,当采用干草保暖时,必须将草剪断;对运输途中发生病、死、残、伤的种蛇应及时处理,蛇箱应时刻有指派的护送人员看守,防止发生逃蛇伤人的事故;切忌在蛇箱内外放置对蛇有害的化学药品,防止意外事故发生。

第二节　蛇场的建造

目前在各地建造的养蛇场所大体可分为露天养蛇场、养蛇房以及蛇场、蛇房相结合的蛇园三种类型。

蛇场建造时,主要应考虑两个方面的因素,首先,在选择场地时,要根据不同的蛇种及其野生习性选择不同的环境与地势。比如饲养尖吻蝮,宜选择坐北朝南、树多阴凉、水源方便、环境安静的山边建场;如果饲养银环蛇、眼镜蛇可选择地势平坦、靠近水源的平原、丘陵、菜园建场。如果一个场饲养几种蛇,要用内墙隔成几格,不同种类的蛇必须分开饲养,其中尖吻蝮及蝮蛇可以合养。其次,蛇场的大小应根据养蛇数量来确定规模,同时要考虑方便引入水源。

一、露天养蛇场

露天蛇场四周均应砌上 2 米高的围墙,墙内可根据养蛇的种类或数量的多少、大小分隔成几个单元。每个单元均应具有蛇窝、水池、运动场地等。根据覆盖物的有无,除均可露天外,蛇窝部分也可建在室内。蛇窝位置坐北朝南,水池则在远离蛇窝的一端。运动场在两者之间。每个单元,应北高南低,利于排水。蛇场的建筑形式通常有围墙式蛇场和围沟式蛇场两种。

围墙式蛇场(图4)　顾名思义就是筑墙围建的蛇场。蛇场的围墙既可用砖石修砌,也可用泥土干打垒筑成。至于墙的高度,应根据饲养的蛇种而定。一般以 2~2.5 米较合适,墙

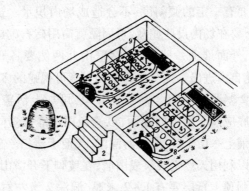

图 4　围墙式蛇场

1. 围　2. 外梯　3. 内梯　4. 蛇窝　5. 饲养池
6. 饮水池　7. 水管　8. 水沟　9. 棚架

基一要深,二要牢,基内用石块砌牢或用水泥灌注,以避免老鼠等打洞,引蛇外逃。围墙内壁最好涂上水泥,使之光滑无缝,并刷成灰色,不要刷白色,以免反光过强,不适宜蛇类生活。围墙可设门或不设门,这同样应根据蛇种而定,如饲养尖吻蝮、眼镜蛇等剧毒蛇的围墙式蛇场最好不设门,以避免开门时不小心而受其伤害。可在墙内、墙外各修筑砖石阶梯,而墙内的阶梯要离开围墙1米左右,以避免蛇越出墙外。人进蛇场时可架块木板桥,不用时拉掉。如果必须设门,最好是设两层门,也就是说在场内开内门,墙外开外门,门一定要紧贴,关上时没有缝隙。围墙的顶面要宽,一般40~50厘米,同时要平,顶边突出墙壁两侧,这样才便于人们行走和观察,还可以防止蛇沿墙壁翻越墙顶外逃。蛇场内地面要有一定的倾斜度,不会造成场内积水。筑墙围成蛇场后,要在场内设些蛇窝,可因陋就简用砖石砌成或用瓦缸作壁,外面堆上一些泥土,窝壁南北两侧要各开一个小孔,让蛇自由进出。蛇窝的高度和宽度可视蛇的多少而定,一般为2米见方为宜。窝顶要开口,可加上活盖,便于取蛇。窝底应高于窝外的地面,以避免雨水灌入。同时还可在窝底铺上一层干沙,既可防潮湿,又便于清扫。露天养蛇场还可以利用天然土坡筑成围墙,在坡脚下开凿山洞,让蛇栖息。洞顶土石层要有1~2米厚,洞深2米左右,高1米或更高些,一般认为洞口以朝南或东南为好,同时应设门给人出入,门板下端开一两个小孔作为蛇的出入口,小孔上镶上活门,使之随时可以开关。

　　露天养蛇场还应设置水池、水沟、饲料池、石堆、草地,并种上一些小树,将其布置得像自然环境一样,蛇也就安心乐意地在那里生活了。一般来说,水池应建在蛇场比较高的地方,水池深30厘米左右,池里的水要经常流动,以保持清洁和一定的水位,可供蛇饮用和洗浴。从水池再引出水沟,连接饲料池,饲料池中最好能种些水草,养些黄鳝、泥鳅、蛙类、水蛇等,便于蛇自己捕食。再从饲料池连接一个下水道通至场外,水孔要用金属筛板遮挡,防止蛇从孔眼钻出去。至于蛇场内具体设多少蛇窝,水池和饲料池的大小及其位置,这就应该根据蛇场的大小、养蛇的多少和地形情况等作具体的决定和安排。如果有条件的话,可以在蛇场内装上黑光灯,以诱聚昆虫供蛙捕食,也有利于蛇捕食蛙类和其他食物。

围沟式蛇场 和围墙式蛇场一样,是把蛇场围起来,而不同的是,不以砖石修砌而以水沟围成。水沟的宽和深有1.5米左右。但沟的外岸也得筑墙,而且要比内岸高1米以上,墙壁要垂直光滑,没有缝隙,这样才能防止蛇从沟里沿外岸的墙壁爬出去。沟的内岸最好能砌成斜坡,使蛇能随意出入水沟。沟里的水要经常流动,并保持一定的水位,最好养些饲料动物供蛇捕食。在围沟式蛇场中,同样要设蛇窝、种草木,可垒些假山,供蛇栖息活动。在围沟上应搭设活动的桥板,便于人的进出,平时要把桥板抽去或吊起,蛇也就难以外逃了。

二、多层立体式地下蛇房

这种蛇房深入地下2～3米,上顶用木板或楼板支撑,蛇窝的层与层之间用红砖或青砖有规律地层叠在一起,垒造9~12层(可根据不同地区建造蛇窝的层数),砖上铺新鲜土2~3厘米,四周墙壁与底部无须处理,正好利用它自然的土层断面,这样对控湿保湿有好处,也为蛇创造出了一个不同层次的温、湿度空间,让蛇自由选择它所需要的那一层次,为不同种类肉食蛇的混养提供了保证。

　　另外,靠近土层的每个蛇窝口内侧有一直通地面的"凹"形土槽,可使蛇自由进出蛇窝,进行捕食、活动、蜕皮、觅偶、产卵(仔)。同时在蛇房背风的一端,留一个像楼梯样子的通道直通地下蛇房,供养蛇人员进出,从而达到观察蛇类的目的。通道宽度可预留两个人并排通过的宽度即可,这样地下蛇房便与地面蛇场形成真正的立体蛇场,也就是"立体养蛇"。

　　"多层立体式地下蛇房"的优点如下:

　　①减少了土地占用面积,节省了大量建场资金,存蛇量扩大10倍,且饲养环境有了较大改善,使蛇场更接近大自然,有利于蛇类的健康生长。

　　②一改过去春、冬两季无法取蛇的缺点,可以在寒冷的冬季随时取活蛇供应市场,此时蛇价是平时季节的3~5倍。

　　③此蛇房不仅适用于寒冷的北方,还特别适合炎热、多雨的南方诸省,只要稍微一改造,修建成半地下、半地上的"多层蛇房"(因南方水位较浅,故不能深挖),便能为蛇造就了天然的"避暑山庄",创造出夏季蛇类不掉膘的奇迹。

　　④因在修建此蛇房时有意识地提高了与地面蛇场的坡度,加上每个蛇出口在一定的高度(20厘米×20厘米)都用

瓦片盖好了,从而防止了狂风暴雨对蛇洞口的袭击,恶劣情况下无须烦劳饲喂人员。另外,地下蛇房的顶用土堆成,除能起到保温保湿的作用外,还可在上面栽花种草,有利于蛇场的生态绿化,更为蛇类活动提供了一定的活动空间。

⑤蛇房建造是否合理,直接显示出了一个蛇场的技术标准和真正养蛇的实力。蛇在饱餐一顿后,通常是爬入窝中静卧几天,等腹内的食物消化干净了,才爬出蛇窝再次觅食;其余时间如高温、阴雨,还有其他蛇不适应的恶劣气候,蛇均会爬回自己的窝。所以,建造出蛇类所适应的仿野生蛇场和蛇窝,是养殖中的关键问题,同时也是成功的保证。

三、蛇窝

蛇窝是设置在蛇场内,供蛇栖息的巢穴。蛇窝内长2米,宽1米(视养蛇多少可适当增减),地下垫砖,里面用砖石砌成若干格,每格面积约30平方厘米,格与格之间互相串通,上面盖砖或木板,再盖上一层约半米厚的泥土,中间稍高往两边倾斜如坟墓。在蛇窝一侧或两侧开若干直径2~3厘米的小孔,通入窝内,供蛇出入。蛇窝旁开辟一块草地,种上小灌木和草皮,南边修一条水沟,并用石块垒个假山,水沟应尽可能有自动进水排水装置,养一些老鼠、青蛙、泥鳅、黄鳝等作为蛇的食料。这样蛇类就能像野生时一样自由活动觅食,生命力强,生长得快,使其在炎夏和寒冬不至于热死或冻死。以上所介绍的是平面式蛇窝,这种蛇窝建造方便,因陋就简,在饲养的蛇数量不太多时可采用此法,但它的缺点却有如下几点:首先,这种蛇窝占地过多,利用率不高,规模较大的蛇场不宜使用。第二,这种蛇窝不利于养蛇者检查蛇的生活情况,在安全方面存在一定的问题。第三,这种蛇窝温度和湿度没有不同的层次。

立体式屉式蛇窝(图5)具有可减少蛇的疾病、利于蛇成长等优点。屉用木板制成,每屉高10厘米左右,长宽随意。屉的前方开两个直径为6~7厘米的洞,供蛇出入。屉的上方,均装塑料窗纱。前面一截钉死,后面一截塑料窗纱装在可以活动的框子里,这框子可以作为盖子打开或关上。

图5　立体式屉式蛇窝示意图

四、蛇池

蛇池可因地制宜在室外或室内,用砖石、水泥砌成2~3平方米、1米多深的水泥池而成。上面盖上一层塑料窗纱,以防毒蛇外逃。若养蛇者的住房宽裕,有多间房子,可单独腾出一小间作为养蛇房,以建蛇池或放蛇笼蛇箱等。进出时要关严门,不要让小孩随便出入蛇房,以免发生安全事故。蛇池养蛇应视蛇池的大小而定,一般每立方米体积关养大的毒蛇20条以下,小蛇可稍多一些,要让蛇池中留有盛放清水和养活少量泥鳅、黄鳝、老鼠、青蛙之类的余地，以利于蛇类捕食、饮水。对于不同种类和大小的蛇，则应将其分开关养，以免其互相吞食和咬伤。

蛇类一般喜欢湿润、温暖而又干净的活动环境，因而室外的蛇池一般不宜过久地放养蛇类，室内的蛇池虽在温度、湿度等方面比较好掌握，但终究不如蛇场、蛇园有利于蛇的野生习性，有利蛇的养殖，同时饲养数量也大受影响，所以蛇池并不是一种很理想的养蛇场所。在蛇场中，蛇池则多被用作装运发货前，蛇群集中暂养的地方。

五、蛇房

养蛇房，可以利用一般房屋，也可另外专门建造（图6）。应当注意的是，蛇房里面的墙壁要光滑无缝，房内墙角最好是弧形的，这样才能使蛇不会沿墙角上爬。一般认为

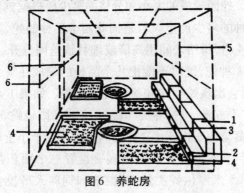

图6　养蛇房

1. 蛇窝　2. 蛇洞　3. 水池　4. 草坪
5. 铁丝网隔墙　6. 门

蛇房应该是夏季通风,冬季保温。至于窗户可开可不开,如开窗的话,应在较高的地方开。门窗一定要严紧,最好能设两重门,也可以在蛇房的四周再筑围墙。蛇房内可设一定数量的蛇窝,也可以搭起竹床,上面覆盖竹席,同时应在房内设置水沟、水池,如能种些花草那就更好了,这样才能使蛇像在自然环境里一样栖息和活动,为了便于观察,可在墙壁上开设玻璃窗,外面加上铁丝网保护,也可以在房子里面用细目铁丝网隔成走廊,人也就可以随便进入蛇房了。

六、蛇园

蛇园一般是由蛇房和蛇场结合而成,就是把蛇窝设在蛇房内,而水池、水沟、饲料池和假山、草地等设在蛇房外面的围墙内。通常蛇窝可设在蛇房内走廊的地面上,蛇的出入口应该是向着房外活动场所而开,让蛇自由出入,在蛇园里生活。蛇园规模的大小和分格的多少要根据饲养蛇的数量和品种的多少而定。若是饲养四个品种的蛇,则应将蛇园分成 4 格,每格之间用高墙或细目铁丝网分开,1 个格内只饲养 1 种蛇,绝对不能把几个品种的蛇放在 1 个格内混养,否则会出现蛇吞蛇和蛇咬蛇的现象。如果 1 个格的面积有 20 平方米,可饲养尖吻蝮 30 条或者眼镜蛇 50 条。在蛇房蛇窝与地面相连接之处的四周做若干个小土堆以利于蛇的爬行和蜕皮。蛇园的南端要设置一个面积约 3 平方米、深 0.5 米专供蛇类饮水、游泳和饲养人员投食的小水池,池中的水要清洁干净。若是饲养尖吻蝮的话,一定要在水池边建造一座用石块砌成的小假山来供它盘蜷栖息,每月投入足量的食物 3 次,并要经常打扫园内的卫生和更换池中的水。如果夏天的气温过高,还要设置遮阴或在园内普遍洒水降温。

蛇园养蛇的优点是因为模仿了蛇类野外生活的自然环境,对蛇类的生活较为适宜;也可分多格,能养多品种的蛇,但其缺点是造价很高,不容易普及。

七、蛇箱、蛇笼

蛇箱可大可小,可以是木板做的可移动的,也可以是砖石、水泥制的。通常 1 立方米体积的蛇箱可养 1 米长的蛇 4 ～5 条。1 个蛇箱只能养 1 个蛇种(雌、雄可以合养)。蛇箱内壁要光滑,箱顶装小铁孔窗纱,要安装一个推拉门。箱底中央固定一个短树桩,供蛇蜕皮时蹭皮用。箱底再铺一层 5～6 厘米厚的沙土。箱底角放一水盆,供蛇饮水和调节湿度(图 7)。

蛇箱养蛇占地少,可利用旧屋改建,简单易行。也便于观察某些习性。但活动范围小,不利于蛇的生长发育、繁殖,也不适宜大规模养殖。蛇箱的饲养可与小型蛇园饲养结合起来,利用蛇箱产卵和越冬,以及饲养幼蛇。平时则把蛇养在

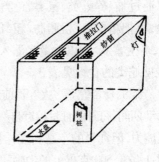

图 7　蛇箱

蛇园内。

蛇笼:可用青竹篾编织成底面直径 80 厘米、高 50 厘米、笼口直径 20 厘米的圆锥形篾篓,也可用 3~4 号铁丝编织的细目铁丝笼。然而,不论是蛇箱还是蛇笼都必须上锁加盖,注意安全。蛇箱通常作为一种饲养蛇的设备,而蛇笼则多是用来储运蛇的。

第三节　蛇的饲养管理

一、蛇的饮食与投饵

蛇类是肉食性动物,饮料种类广泛。但不同蛇种对饲料的要求不完全相同。银环蛇爱吃黄鳝和泥鳅;眼镜蛇爱吃青蛙和其他小蛇;尖吻蝮爱吃青蛙、蟾蜍、蜥蜴、鸟类和鼠类。应根据不同蛇种,结合当时当地具体条件选择食物,可以通过捕、养蛙类、鼠类、鱼类,丰富食物来源。据国外的经验,可把粗蛋白、粗脂肪、粗纤维以及磷、钙矿物质、维生素 A、维生素 B_2 调以适量水灌入肠衣,制成香肠,诱导蛇进食。常见蛇类的食性见表 3。

蛇的食量究竟多大? 目前尚无完整资料,一般认为在蛇的活动期间,每月的食量接近自然的体重。虽然蛇类有很强的耐饥能力,但食料的丰富和多样化是养好蛇的关键。有经验介绍:1 条重 500 克以上的尖吻蝮,每月喂料 250~750 克(5~11 月间)。

表3　常见蛇类的食性

项目	蚯蚓	昆虫	鱼类	蛙类	蜥蜴	蛇	鸟类	鼠类
各 种 锦 蛇		+	+	+	+	+	+	+
各 种 游 蛇	+	+	+	+	+		+	+
各 种 水 蛇			+	+				
乌 梢 蛇			+	+	+			
灰 鼠 蛇		+		+	+	+	+	+
滑 鼠 蛇				+	+	+	+	+
赤 链 蛇			+	+	+		+	+
翠 青 蛇	+	+						
金 环 蛇				+	+	+		
银 环 蛇			+	+		+		+
眼 镜 蛇			+	+	+	+	+	+
眼 镜 王 蛇								
五 步 蛇				+	+		+	+
蝮 蛇		+		+	+			+
烙 铁 头								
竹 叶 青				+	+			+

在蛇类活动较频繁的季节,每半个月投饵喂1次。当然,具体实施时可以灵活掌握,饲料多的时候,可多投多喂。多数蛇类对食物的需求量要求最大的是5月、7月和10月,5月份是交配怀卵期,对营养要求高。7月份是产卵期,产完卵后身体虚弱,需要大量进食。10月份是冬眠前夕,需积累养料,准备越冬。满足这三个阶段的饲料对养好蛇关系很大。平时饲料过于缺乏时,会产生大蛇吃小蛇的现象,需预先加以防止,将身体大小悬殊的蛇分开饲养。

　　给蛇投喂饲料的方式、时间、地点均应有所讲究。以给银环蛇喂泥鳅、鳝鱼为例，如果池深而大，蛇就难以捕获食物，因而池子就得适当浅些，同时注意观察蛇的活动路线，投饲的地点宜在它们经常出没处；投喂的量过多，蛇咬死而不吃的事便会发生，造成不必要的浪费，故投的量应根据日常观察而作调整；投喂时间也要恰当，在夏天若中午投鱼类入池，池浅水热，会引起鱼类死亡，故宜傍晚投喂。当蛇因体质不好掉了膘后，往往较难增膘，故对食欲不好的蛇，必要时还得灌喂小动物以及人工配制的饲料。

　　蛇类食欲的强弱，是判定其能否养好的一个因素。刚从野外捕回的蛇，经过一段时间的观察，被淘汰者往往是那些食欲不好的蛇。对食欲不振的蛇，还可灌喂一些复合维生素 B，可以增加蛇的食欲、促进新陈代谢，使其在人工饲养的环境中健康成长。

　　蛋白质和脂肪能提高蛇类饮食的营养成分，且粗纤维能促进肠子蠕动，有利于大便成形。因此无论是蟒蛇，还是一般的蛇类，在从野生到家养后，均要接受鱼类、肉类等动物性饲料。钙用于构成骨骼。磷是新陈代谢中的重要成分之一。无机盐中含有一些微量元素，对促进生长发育有益。维生素对上皮细胞和骨骼细胞的分化具有调节作用，又是眼睛的感光细胞——视紫质的组成成分；维生素 D 具有促进钙的吸收和磷的吸收，有益于骨骼和牙齿的生长。

　　目前不少养蛇场所大多是给蛇类喂养各种小动物，可是也有一些具体问题，某些小动物是人类的食物，价格高昂且不说，还往往给蛇类带来寄生虫等病害，营养也会因品种的局限而不易全面,并且不易根据蛇类生长发育的情况调整其成分。在这种情况下,若有条件能给蛇提供些人工配制的饲料便可大大改变这一状况,如将一些蛇类生长必需的营养物质灌制作肠,再将蛇类爱吃的动物的气味用熏、涂抹等方法使肠具有这种气味以此来诱导蛇进食,从而补充蛇类的营养。另外,值得一提的是,鼠类虽是大多数蛇都喜爱吃的一种食物源,但是若是用老鼠药毒死的老鼠则不能提供给蛇吃,否则容易造成蛇中毒死亡。

二、蛇病的防治

蛇的行动、外表特征等,均可反映出蛇的健康情况。蛇患病时可以观察到以下迹象:经常横卧窝外,色灰暗而神呆滞,很少进食,反应迟钝,口半张或闭气,不吐舌或很少吐舌,若勉强爬行,则行迹多曲折而迟缓。现将蛇的一些常见疾病及防治方法介绍如下。

1. **口腔炎** 许多蛇类,如尖吻蝮、银环蛇、眼镜蛇等都有发生。若在采蛇毒时挤伤口腔,捕蛇时粗暴地刮伤毒牙等均会引起此病。在蛇冬眠后,或窝内湿度大、环境不卫生时也会引起此病,如不及时防治,会迅速感染蛇群。

(1)口腔炎的症状 病蛇两颌肿胀,打开口腔可见溃烂或有脓性分泌物。这些蛇头部昂起,口微张而不能闭气。

(2)口腔炎的治疗 用药水棉(脱脂棉)拭净其口腔内的脓性分泌物,再加雷佛奴尔溶液或硼酸浴液冲洗其口腔,以行消毒。然后,用下列任何一种药物,每天或涂或敷 1 ~ 2 次。

①涂龙胆紫药水(俗名紫药水)。

②敷少许"冰硼散"于患处。此药中药店有售,若自行配制,可取煅硼砂30克,冰片3克,研之极细,至无声之度,也有另加玄明粉、朱砂的。研后瓶储备用。

③敷少许"锡类散"于患处。此药中药店有售。若自配,可取冰片1克、人指甲1.5克、珍珠9克、牛黄1.5克、象牙屑9克、青黛18克、壁蟢窝200个。研之极细,无声为度,储瓶备用。

(3)口腔炎的预防 除消除引起疾病的因素外,蛇窝内若湿度太大,应将蛇窝清洗,并用太阳曝晒消毒。人工采毒时,手法不要太重。

2. 外伤 蛇在运输途中摩擦铁丝笼,或彼此互咬,均可造成外伤。螨寄生于其鳞片间,拔去螨后也可造成外伤。伤口被细菌感染后会造成溃烂。

外伤的治疗:用龙胆紫药水,或1%~2%的碘酊(俗称碘酒)每天在患处涂抹2~3次。

3. 霉斑病 此病由霉菌感染而引起,大多因蛇窝内过于潮湿和不卫生引起。在梅雨季节,此病更多。

霉斑病的症状:在蛇的腹部鳞片上,产生点状或块状的黑色霉斑,有的还向背部延伸直到全身,最后因霉烂致死。

霉斑病的治疗:用1%~2%的碘酊每天涂擦患处2~3次,大约1周便可痊愈。

霉斑病的预防:查清原因,打扫蛇窝。若窝内湿度太大,可放入些干木炭或用纸包生石灰吸湿,待湿度降低后去除吸潮物。

4. **急性肺炎**　湿度大、温度高、骤冷骤热及空气混浊的环境易患此病,体质差的蛇或是产卵后身体尚未复原的蛇,此病发病率尤高。若不及时防治,有时可以在 3～5 天内危及全群,引起大批蛇的死亡,甚至较为健康的蛇也难逃厄运。

(1)急性肺炎的症状　呼吸困难,盘游不安,大多逗留窝外不思归。查其口腔,又不一定有口腔炎迹象。

(2)急性肺炎的防治　此病防重于治,若闷热而空气混浊,应及时想法改变环境状况,并做好消毒清洁工作。

及时隔离病蛇,早期用药,可挽救一部分病蛇。治法有如下几种方法:

①成蛇每条肌注青霉素 10 万单位,每日 2 次。

②灌服红霉素片 0.2 克,每日 3 次。

③灌服链霉素 10 万单位,每日 2 次。

若抢救及时,可望 3～4 天痊愈。

5. **消化不良**　消化不良的症状:这些蛇往往很少进食,甚至不进食,最终消瘦下去,其尾部瘦得更为明显,可见皱瘪。看上去神色呆滞,不活动。

消化不良防治法:每天灌给 5～10 毫升复合维生素 B 液,此药在药房有售。同时,灌喂生鸡蛋等流质或新鲜泥鳅等食物。

有经验表明,在将蛇放入蛇场前,先给蛇进行"药浴",能较好地预防消化不良及其他疾病。具体方法是,将四环素、黄连素各 4～5 片,研碎,加硼酸 10 克,用温开水 500 克溶解,凉至室温,将蛇泡约半小时即可。

做好预防工作:蛇窝应通风、干燥、清洁卫生;喂的食物应新鲜,品种要多样;母蛇产后应及时喂足食物,一旦掉膘体质削弱后,食欲会衰退;同时还要注意场内蛇不能太挤,运动场应较为宽敞;并驱除寄生虫。

6. **寄生虫病**　蛇体内的寄生虫,约 10 种。其中影响较大的有 4~5 种。这些寄生虫多从吃的动物身上传来。当这些寄生虫在蛇的身体内寄生后,轻则削弱蛇的体质,以致并发其他疾病,重者直接使蛇致死,直接或间接地影响了蛇的身体健康,因此要特别注意对寄生虫的防治。

寄生虫的治疗方法:通常在不确定寄生虫种类时可采用灌服敌百虫或左旋咪唑片等。而一经确认为某种寄生虫时,就应该根据其寄生虫种类对症下药。

(1)鞭节舌虫　此寄生虫的长度因性别而异,雌虫长约 5 厘米,雄虫长约 2 厘米。形状似一条老蚕,多寄生于蛇的肺部、气管上,最终可使蛇窒息而死。尖吻蝮最易患此病。

症状:病蛇常伸直身子逗留窝外,或是张口呼吸。除肺、气管等外,有时此虫甚至会经喉头爬到口腔,或是塞住内鼻孔。其寄生部位大都涉及呼吸系统。

治疗方法:按体重每千克灌服精制敌百虫 1 克(药液最好随用随配)。连续用药 3 天。

(2)棒线虫　棒线虫仅长 5~8 毫米,呈线状,多寄生各种蛇的肺泡腔内,多时密布患部,使蛇的肺糜烂致死。

治疗方法同鞭节舌虫。

(3)蛇假类圆线虫　此虫线状,体长为 3~5 厘米。尖吻蝮体内多有发现。常寄生于消化器官的浆膜组织内,肝脏中尤为多见。此虫1至数条,被包于约黄豆大的结节内。

治疗方法同鞭节舌虫。

(4)绦虫　绦虫全身呈带状,由好多节片组成,头上有槽、吸盘和钩,吸于蛇的肠壁上。

治疗方法:在治其他寄生虫时,可以附带治之。

(5)蛔虫　蛔虫在蟒蛇、滑鼠蛇等个体较大的蛇的消化道中多有发现。带有蛔虫的蛇,食欲不振,体质渐衰,死前表现为经常点头,有时还会喷吐黏液。

治疗方法:按蛇体重1‰计算,灌喂精制敌百虫。或给驱蛔灵半片,连服3天。

在蛇的喂养过程中,要特别注意蛇的卫生,以防止蛇生病并造成死亡。特别是在冬眠和雌蛇产卵之后,因身体虚弱,容易得病时,更要注意做到经常打扫养蛇场所,保持环境清洁卫生,蛇窝里铺垫的干草和沙土也要定期更换,保持干燥。蛇类饮用水也要洁净,最好是引进山溪水或自来水。特别是在炎夏酷暑,更要勤扫勤换。平时,还得注意检查蛇窝内的温度和湿度,以及蛇的健康情况,要是发现蛇的活动异常或爬行困难就很可能有了伤病,则应及时隔离单独喂养和治疗。刚从野外捕回来的蛇,也应单独饲养一些日子,一是让它慢慢适应家养的环境,二是可以观察它的健康情况,发现伤病就要及时治疗,治好以后才能放进蛇场中饲养。在梅雨季节也要注意蛇场的卫生,保持蛇窝的干燥,并对蛇场、蛇窝、蛇房、蛇箱等蛇的栖息地进行人工消毒灭虫,但用作驱虫灭虫的药物,要考虑其对蛇产生的副作用。同时,还要注意避免蛇类的天敌如鹰、隼、雕等食肉性猛禽和獴、黄鼬、刺猬等食蛇类动物侵入养蛇场袭击蛇类。

第四节　蛇的人工繁殖

要把蛇由野生变为家养,如何搞好蛇的人工繁殖是个重要问题。在自然界,蛇是分散活动的,到交配季节进行交配。一条雄蛇,约可与10条雌蛇交配。人工养蛇应将雄蛇与雌蛇分开饲养,到交配季节方把雄蛇放入雌蛇群中,交配后又另行分开,以免某些种类的雄蛇吞食雌蛇。野外的蛇产卵、产仔多在较隐蔽、又有一定湿度和足够阳光的石堆、落叶堆或在洞中,而蛇场的母蛇产卵、产仔则地方不太固定,故应将蛇卵收集进行人工孵化和将幼蛇分开饲养。

一、雌雄蛇的鉴别

雄蛇靠近肛孔一段,即尾基部稍微膨大,这是因为它的交接器位于这里的缘故,尾巴的比例也稍长些;雌蛇的尾自肛孔以后骤然变细,尾巴相对地短些。一般雄蛇的腹鳞较雌蛇少,而尾下鳞则比雌蛇多些。此外,不同种类的蛇,雌雄两性也有所不同,如虎斑游蛇、中国水蛇、铅色水蛇等,雄蛇的背鳞起棱较强,或在肛孔部分的背鳞起棱较强。蟒科的部分种类雄蛇肛孔两侧的爪状后肢残余较发达,雌蛇则不显著或没有。在极个别的情况下,有的种类如竹叶青、赤链游蛇等雌雄两性的体色往往有所不同。

如果从上述外表特征仍无法确定蛇的性别时,最可靠的办法是挤压蛇的雄性生殖器（图8）。操作方法是：将蛇的近尾部的腹面朝上，用拇指按在肛门后数厘米处，自后向前挤压。若为雄性，则有两条带有肉刺的交接器伸出。没有交接器的，为雌蛇。此法对幼蛇的性别鉴别同样适用。

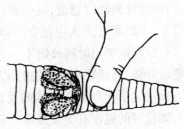

图8 挤压半阴茎法

二、蛇卵的人工孵化

蛇卵一般是椭圆形，壳为白色或浅褐色。壳为羊皮纸状的革质厚膜，系纤维素质，具有一定的弹性。其硬度随种而异，如眼镜蛇、灰鼠蛇的卵壳较硬，银环蛇、尖吻蝮的卵壳较软。健康的母蛇，一般24小时内可以产完；不健康者则要拖至2~3天，甚至更久。卵以外形端正、饱满、色泽较为一致者为好。如果畸形、壳过软、色异常则大多难以孵出。未受精卵，刚产出时与受精卵的外形相似，需孵上几天方可辨别。

一条母蛇交配1次后可在数年后产出受精卵，因精子在母蛇体内可以存活多年。卵随着发育而逐渐增大，并往泄殖腔方向移动，根据不同蛇种的产卵期，应及时检查是否怀卵。怀卵的母蛇一般不主动伤人，但触犯过猛也会伤人。检查时，首先将蛇的颈部轻轻捏住，另一只手从蛇的躯干腹部轻轻按摩滑动至肛门，如果在腹部摸到凹凸处，说明已怀卵;凹凸处离肛门越近,说明要产卵了,当凹凸处离肛门只有 2~3 厘米时,1 天内便会产卵。

蛇卵的孵出时间长短不一,一般为 1~2 个月,孵化环境的好坏,直接影响到蛇的孵化率。而孵化时间的长短,一方面决定于卵产前在母体的发育时间的长短,另一方面则与孵化时的温度有很大关系。不同蛇种的蛇卵孵化期也不一样,如尖吻蝮卵的孵化期约 1 个月,银环蛇卵孵化期大约是 1.5 个月,眼镜蛇卵的孵化期约 50 天。在人工饲养的情况下,为提高孵化率,大多采用缸或木桶在室内进行人工孵化。

其方法为:取一只大口陶瓷缸,容积大小不拘,据卵的多少而异。缸底垫土约 30 厘米厚,并压实。土以洁净的新土或沙为好。为了掌握土的温度,用手握成团,撒之则散为准。土面上排放蛇卵,卵面上可铺放洁净新鲜的苔藓。缸放于室内并加盖,盖不宜太紧,以便透气。为了让卵四周受到的温度、湿度较为均衡,可每隔 7~10 天翻动 1 次,这对胚胎的活动也是有益的。翻卵时若发现有未受精卵或死胎卵等,应即时捡出。

孵卵中,有如下几个技术关键应该重视。

1. 及时收集蛇卵　由于蛇场中雌蛇产卵没有固定的地方,所以要注意观察及时收集蛇卵,将蛇卵放入孵化器进行人工孵化。否则在室外久经阳光曝晒或湿度不均就会降低孵化率。

2. 注意孵化温度　主要利用自然温度——室温,以 20℃~30℃较为合适。温度偏低,孵出时间延长;偏高可以提早孵出,但畸形的幼蛇会相应增加。所以要尽量控制好温度,使其在人工调节的情况下,维持在 20℃ ~30℃ 的范围内。

3. **湿度** 湿度一般应控制在 50% ~70% 之间,偶尔高到90% 也无不可,但湿度大时,蛇卵霉菌感染的机会增加。当湿度大时,可打开盖子散发一部分水汽,或放一个 60℃ 温水的热水袋,空架于蛇卵上方(不能接近蛇卵)。在测试其湿度时,可抓一把缸土,紧捏后在半米高处放手落下,若泥团能自由散开,估计缸内相对湿度在 60% 左右。这也是测试湿度的一种简便方法。

4. **防霉** 蛇卵在湿度太大的孵化室放置过久,易生霉斑,发现霉斑后要及时用绒布轻轻拭去,并在生过霉斑的蛇卵上用毛笔蘸上灰黄霉素溶液,晾干后再放入,并降低孵化室的温度。对霉斑处忌用抗生素软膏,因为软膏油膜会将卵壳上的气孔覆盖而使胚胎窒息致死。

5. **防止天敌** 孵化蛇卵时要注意防止蚂蚁、老鼠等对蛇卵的侵害。要加盖以防老鼠;防蚂蚁则要在缸脚座处以浅水相隔,或撒些农药在缸四周,但农药千万不能带入卵堆之中。

6. **卵上忌盖稻草** 为了保持孵化室内的恒定湿度,有人用盖湿稻草的办法,但其发霉率也随之提高。故最好不用湿稻草,而用新鲜、清洁的苔藓较为合适。

7. **及时验卵** 当未受精或死胎卵放置较久后,会变质而破裂。其溢出物浸及其他卵,以致受到影响。故对卵有疑问时,得注意验卵观察。一般可以用只木匣子,上挖略小于卵的孔,匣内放灯泡,借光照验。正常的卵内有幼蛇的形迹,到后期更明显,可见其移动。另外,孵化时要将卵平放于孵化室内,孵化过程中要翻卵几次,以使卵受到的湿度、温度均匀,同时以便发现坏死的卵。

三、幼蛇的饲养

仔蛇一孵出壳,就会爬行,并且寻地方藏身。蛇出壳或产出的初期,体内尚存储养料以供消耗,稍后才行捕食。人工饲养幼蛇,首先得解决幼蛇能够吞入的小动物。必要时,也可作人工灌喂。如灌喂生鸡蛋、维生素A、维生素D及钙片粉等混合饲料。灌喂工具可使用注射器或洗耳球。

幼蛇的饲养场所,有箱养和场养。一般先用箱养,再转为场养为好(与大蛇分开)。

如果是箱养,可饲养于长约1米,宽约80厘米,深约50厘米的木箱或大缸内。木箱的四壁不能有缝,以免幼蛇从缝隙逃走。箱内底上铺土,并置水钵,钵下留有空隙,供幼蛇栖息。另外再置些砖、木板,以便其选择栖息地点。箱子盖用细孔铁丝网制成,以便于观察蛇的动态。

场养幼蛇时,应与大蛇的蛇场隔离开,选择20~30平方米的专用幼蛇场,内有较多栖身场所、浅水池,置有刚出生的水蛇、小泥鳅、养有蚯蚓的草堆等。水池中的水要洁净。场内应有草地、小树,供其栖息和活动。

仔蛇孵出后10天左右就开始第一次蜕皮。幼蛇这时若能自行捕食小动物,如捕食些小昆虫、蚯蚓、小泽蛙、乳鼠等动物性饲料,则最为理想。必要时可采取人工灌喂,每隔

5～7天灌喂1次。灌喂约2个月后,体重可增至出生时的2倍。

　　幼蛇的育成和它的运动量大小也很有关系。无论是场养、箱养,让它们有一定的运动场地是必要的。而幼蛇夭折的主要原因,则是因为不能主动摄食、饮水,以及越冬期温度偏低所致。所以越冬前必须通过灌喂等措施使其获得足够营养。幼蛇的冬眠,若有越冬室,可在越冬室内进行。也可用30～40瓦灯泡加温,内部的温度宜有适当的层次供其选择,通常情况下,越冬气温维持在5℃～8℃,就可使其安全过冬。

第五节　蛇的越冬方法

　　要使蛇平安越过严冬,必须注意以下三个方面的因素,即蛇自身的健康、适当的温度和适当的湿度。

　　上面三种因素中,蛇体的健康尤为重要。

一、温度对蛇类生活的影响

　　蛇是变温动物。蛇的体温随环境温度的升降而升降。其体温有时与气温相等,有时又略高于或略低于气温。

　　一般情况下,蛇类在6℃～8℃就停止活动。但各种蛇类对低温的耐受力不相同,就几种人工饲养较多的蛇来说,耐寒力由强到弱可作如下排列:蝮蛇→尖吻蝮→眼镜蛇→银环蛇。大范围是蝮科的蛇比眼镜蛇科的耐寒。

二、几种常用的越冬方法

1. **利用自然山洞越冬**　山洞有"冷洞"和"暖洞"之分。如果山洞很大,顶部有入口。这个入口是与外界的惟一通道,此洞可能很冷。若是其洞口开在下部,没有别的通道或孔隙,则此洞就暖和。应选择暖洞供蛇越冬。

2. **利用蛇经常越冬的洞穴**　选洞一经确定,还需多年的观察才可。入冬前将蛇放于其中。蛇较为适应洞中的环境,方便而又有利于蛇过冬,但却不便观察蛇冬眠时的状况。

3. **在蛇场深处埋设瓦筒**　即在蛇场地下深处埋设瓦筒,瓦筒可互相联接,构成网络。此法也较为方便,且能供蛇多年使用,但难以检查。

4. **掘洞藏蛇**　这类方法具体实施时有多种途径,有的是掘好深约2米的洞后,放入蛇,用石板扣好,再覆土。也有分层打洞于山坡向阳面,越冬时将蛇放入即可。

5. **用木桶盛蛇置谷仓内**　将蛇放入底部铺上泥土的木桶中,上面加盖细目铁丝网,再将木桶置于干燥的谷仓内。此外,还可以用棉絮裹住蛇笼置于室内,或是根据气温情况临时用红外灯或其他热源加热,等等。

以上种种,虽都简便易行,但却普遍存在不便检查或消耗能源、或温度波动较大等缺点。

建议采用的一项设计:根据蛇类越冬的需要,理想越冬场所最好能满足以下几个条件:检查方便;温度尽可能稳定;湿度应偏于较为干燥。

在干燥的地方建好越冬室后,在顶上堆土可满足以上条件。

越冬室的上面,所堆土层的高度,可根据各地的地温情况而定,一般为 1.5～2 米。

为了使顶部能承受堆土的重量,顶部应以加有钢筋的水泥作材料。越冬室的高度,应高过一般成人的高度。越冬室可用砖砌成,底铺水泥石子。

越冬室的头道门宜设在室内,这样可以减少冷空气的进入。建内外两条走道,也可减少冷空气的进入。越冬室可建在室外,也可建在室内。

三、越冬时应掌握的几个要点

①越冬室中的温度,宜控制在 10℃～13℃,对某些耐寒的蛇,还可比这略低。有人以为宁高勿低,其实,温度高并不利于蛇的冬眠,且增加消耗。

②湿度不宜过高,以 50% 为宜,若高于 95%,宜放入干木炭吸潮。过干,则可放一盆水。这样不仅可以调节越冬室内的湿度,同时能供蛇冬眠苏醒后饮用。

③越冬室内应挂最高最低寒暑表、湿度计、温度计,每次检查时及时读数记录。最高最低寒暑表读数后应及时复位,否则下次读数时就不准。湿度计的湿球若干了,应及时加水。越冬室的温度低于规定要求时,不能用木炭生火升温,因为所产生的一氧化碳会使蛇致死,二氧化碳会污染空气。必要时,可用电加热,如红外灯、白炽灯之类。若温度偏高,可适当与室外空气对流。

④若采用越冬室越冬,地面上可铺几层塑料薄膜,使地面潮气不致直逼蛇体。如果越冬室较为潮湿,应在越冬室四周挖上排水沟,沟最低点应低于蛇的越冬处水平线。

越冬前后及越冬中期,选几条蛇称取重量。若是越冬情况好,这些蛇的体重应相差不大。若发现病蛇,则应迅速隔离处置。

第六节　银环蛇的饲养与繁殖

一、蛇场建造

场内基本设施应包括蛇窝、水池、饲料池、产卵室及活动场所等5个部分。具体操作是:选僻静、地势较高、近水源处,建2米以上围墙,墙基深0.5~0.8米,用水泥灌注。内壁涂抹水泥,磨平滑,涂灰、黑或草绿色(不能涂成白色),四周砌成圆弧形防逃。蛇场应座北向南,避免严冬北风倒灌蛇窝。整个蛇场地面要有一定坡度,以利于大雨时排水。围墙大门设两重,内门开向场内,外门开向场外。在场内应适当栽些花草和小灌木,并堆放石块,以利于夏季遮荫降温和蛇蜕皮,蛇场应保持干净、潮润、阴凉和卫生。一个100平方米左右的蛇场,可以饲养150~200条银环蛇。各设施具体要求如下:

1. **蛇窝**　设在大门对面地势高处,窝内地面又要高于窝外地面10厘米左右,底层铺砖头或用水泥砌平,然后用砖砌成高15厘米,长、宽各20厘米的蛇室共计150格,格与格之间要留口相通,格上盖可以移动的木板,以便观察和工作,中间留一条宽 1 米左右的通道。蛇窝四周用砖砌成 20 厘米厚、1.2 米高的墙,再在墙上架设 10 厘米厚的水泥板,最后在水泥板上覆盖 1 米厚的泥土。除蛇窝门边外,其余三面也要堆上 0.5 米厚的泥土使外形呈土包状。蛇窝内高 1.2 米、宽 5 米左右,纵深 6 米左右。通道出口处设一扇底部有空隙(大小可供蛇自由进出)的门,人可进入蛇窝。通道两侧各有一条相连通的水沟,水沟两头各通水池和饲料池,晚上银环蛇可自由顺着水沟到水池饮水、洗澡或在饲料池捕食。

2. **水池**　紧靠蛇窝旁边,位置高于水沟和饲料池,面积约 5 平方米,池深 40 厘米,要保持清洁和一定水位。水池和水沟连接处做一道闸门,晚上拉开闸门,水池中的水便可沿水沟注入饲料池。池中可种植水草,放些蛙类。

3. **饲料池**　面积 5 平方米左右,上搭一凉棚以遮荫降温。凉棚下装一只小黑光灯来诱聚昆虫供蛇捕食。饲料池水位要常年保持在 10 厘米左右。池底部要安置一金属筛遮挡的水管通往蛇场外,用以更换池中之水。

二、银环蛇的饲养管理

种蛇以 500 克左右的青年蛇为佳,按雌雄 10:1 的比例混合饲养。蛇的食量不大,1 条蛇 1 年中吃食 1~2 千克。每天傍晚在银环蛇出窝前把少量的黄鳝、泥鳅等放入饲料池中,多少以刚吃完为准。一般 50 克小泥鳅可供 10 条蛇吃一餐。平时可多捕些青蛙放入蛇场内,让蛇自由捕食。

蛇只吃活食,池中死物应捞出。5月初蛇出蛰需大量养分补充身体,11月蛇入蛰之前需积累养分准备冬眠,这2个月内尽量做到多喂、饱喂,这是养好蛇的关键阶段。蛇类最适宜温度是18℃~28℃,10℃以下入蛰冬眠。5℃以下会冻死。所以冬天要特别注意保温工作。

三、蛇卵孵化

银环蛇一般从6月下旬开始产卵,7月为高峰,8月上旬停产。此期若发现快要产卵的母蛇应及时抓出放入产卵室中,产完卵再抓回蛇窝,拣出蛇卵进行人工孵化。方法是:将一大水缸洗净放在阴凉干爽的房间内,缸内装入半缸半干半温的碎泥松土或细沙,再把蛇卵放在上面,横卧(绝对不能竖立放)排成3层放平,最后在卵上覆盖一层稍有点湿润的干净稻草。每日翻蛋一次。孵化期以温度20℃~27℃、湿度50%~70%为宜。孵化期为42天。

四、蛇病防治

1. **霉斑病**　多发于梅雨季节,主要原因是蛇窝内地面太湿、四壁很潮,蛇类受霉菌感染所致,常在腹鳞面上生有块状或点状的黑色霉斑,如不及时治疗会很快扩展至全身,最后使蛇产生局部溃烂而死。治疗:用2%的碘酊涂搽患处,每日2次,大约1星期可痊愈。预防:消除积水、湿源,在蛇窝内放石灰包吸潮,保持蛇窝内干净、潮润、荫凉即可。

2. **口腔病**　冬眠出蛰初醒后,蛇的身体瘦弱,有一些细菌常侵袭蛇的颊部引起两颌肿胀的口腔炎。病蛇常因不能进食、饮水而饿死。治疗:先用雷佛努尔溶液冲洗口腔,然后用龙胆紫涂搽病蛇两颌,每天冲洗和涂搽 1 次,10 天即可痊愈。预防:先把冬眠初醒的蛇抓出放在蛇场上晒太阳,然后彻底打扫蛇窝中的卫生,再把经太阳晒过的细土填入蛇室中。

3. **急性肺炎** 在 7~8 月份,产完卵的母蛇因身体虚弱,对气温过高不适,常易患急性肺炎。病蛇张口呼吸、盘游不定,不思归洞,最后呼吸衰竭而死亡。治疗:用 80 万单位的粉剂青霉素分 8 次包于青蛙皮内填入病蛇口中,再用清水冲下,每天 2 次,每次用 1 张青蛙皮包青霉素,一般 3~4 天即痊愈。预防:先把蛇窝中的蛇全部抓出放在荫凉处,用清水冲洗蛇窝,待晾干后再把蛇放回,并打开蛇窝的通道门,使蛇窝中通风和阴凉。

第七节 尖吻蝮的饲养与繁殖

尖吻蝮多生活于 100~1350 米的山区或丘陵地带的山谷溪涧附近。这些地方的岩石上、落叶间、草丛中,都是它们的活动场所。此外在瀑布下的岩缝中、路边的杂草中、茶山、玉米地及山区稻田中均可发现它们。其洞穴多在山区森林树根旁。尖吻蝮是一种剧毒的蛇,遇到敌害,主要依靠毒牙抵御,但一般不主动袭击人类。

一、尖吻蝮的食性

尖吻蝮是肉食性蛇,主要吃活的动物,属于广食性的蛇类。它的食物有蛙、蟾蜍、蜥蜴、鸟类和鼠类,其中以吃鼠类和蛙类的频率为最高,在蛇园饲养中,可多投饲蛙类和小白鼠为食料。

尖吻蝮的头骨和绝大多数蛇类一样,具有可动的方骨,左右齿骨在颏部以肌膜相连,所以它的口不仅可以在垂直方向极大地张开达130°,而且下颌的两半也可以向两侧扩展,加上肋骨游离,没有胸骨限制,这样,尖吻蝮在充分张口时,可吞食比其自身头部或身体周径大过成倍以上的动物。而所捕食物由于下颌左右的交替运动及上下颌细齿的协助而进入咽部,接着再由游离的肋骨前后活动,使食物经由食管送到胃里。在吞咽时,喉头伸至口外,不会影响呼吸。尖吻蝮不仅能吃较大的食物,而且胃口很大,可以连续吞食2~3只小白鼠,饱食一顿之后,可盘踞一处3~4天不动,最长可达10多天,但膨大的肚子经过3~5天就已恢复正常,只可见到不易消化的毛、甲等随粪便排出体外。食物的能量主要以脂肪的形式储存。食后体重的增加可高达食物重量的70%。但其耗能方面却很低,冬眠季节,完全不吃食,经过3个月,体重减少率仅为0.7%~12%。即使在活动季节,连续数月不进食,也不会死亡。其耐饥能力之强可以想见。夏季在山区捕到的尖吻蝮,养于蛇笼内,除了供应饮水外,2个月左右不投饲食物仍然生活正常。即使投饲,尖吻蝮在蛇笼内也是不吃食的,放入蛇园后才开始吃食。尖吻蝮追捕食物的动作,不像眼镜蛇和蝮蛇那样活跃,当投给食物时,并不是很快就看到它并追捕,而往往要挨到夜间才觅食,颊窝是它捕食的辅助器官。捕食时,突然向它前面的动物猛咬一口,立即放掉,待动物死后,再从头部慢慢吞食。

二、尖吻蝮的活动规律

尖吻蝮是变温动物,随着四季气温的变化,蛇的体温发生变化,代谢率亦有所不同,所以活动情况也有差异。由秋季到冬季,随着气温的降低,尖吻蝮的代谢率也逐渐下降,所有的生理活动减慢到一定水平,即进入冬眠。通过在蛇园内饲养观察,尖吻蝮从11月下旬开始就不吃食不蜕皮,陆续入洞,到完全入洞冬眠是每年的"大雪",即12月7日左右,到第二年"惊蛰",即3月6日左右开始出洞,为期约3个月。冬眠期间,尖吻蝮盘踞在洞内,极少活动。但在气温升高时,发现有个别的游出洞外,可见其冬眠是不连续的。如果冬眠期活动较多,所消耗能量也势必增加,这对尖吻蝮越冬很不利。所以在冬季人工饲养尖吻蝮环境温度不要过高,一般控制在5℃左右较为适宜。尖吻蝮在野生自然条件下冬眠,死亡率高达30%~50%,说明冬眠这一关对尖吻蝮是一个严峻的考验,同时也是人工饲养的一个难关。为了使蛇更好地越冬,除了提供合适的环境和合理的气温条件外,在过冬前,使它吃够食物,储存足够养分是非常重要的。

根据蛇园观察,3月份尖吻蝮出蛰后,即进行逐偶、交配、蜕皮、觅食,四处活动。活动率从4月份开始明显升高,6月份为最高峰。7~8月间,白天气温多在30℃以上,尖吻蝮多隐蔽在阴暗处,大多在夜间出来觅食,到9~10月间活动显著减少。11月份,冬眠前活动略有回升,12月之后即进入冬眠。以白天、夜间的出现率对比,3~5月份差别不大,6～9月夜间明显高于白天,特别是7～8月间白天气温高,气候干燥,尖吻蝮多于夜间出现于山区溪涧旁,此时是捕捉尖吻蝮的最好机会。

另外,影响尖吻蝮昼夜活动的因素还有气温、光照、湿度、风力等。在气温20℃以上的夏季夜间尖吻蝮活动较为频繁。而光照对其活动影响不大,因为尖吻蝮既不像眼镜蛇、眼镜王蛇那样属于昼行性,也不像银环蛇、金环蛇、烙铁头那样属于夜行性,而是和蝮蛇、竹叶青一样属于日夜都活动的晨昏性蛇种。尖吻蝮的活动与湿度关系较大,在雨水较多、湿度较高的日子,尖吻蝮散游于四处,但在晴热干燥的日子,常较集中于山谷溪涧附近阴湿处活动。大风对蛇的活动也有较大影响,尖吻蝮尤其如此,凡是刮风的日子,尖吻蝮是很少活动的。

三、尖吻蝮的繁殖

尖吻蝮雌雄异体,体内受精,仔蛇孵出后2～3年性器官即开始发育成熟。通常在春季和秋末冬初交配,至8月底9月初产卵。尖吻蝮的精子生活力很强,输入雌体后,至少可存活3年。

尖吻蝮系卵生蛇种,每窝产卵数为11～29枚,卵椭圆形。刚产出时,卵壳淡乳酪色或具有白色花斑,表面柔软,有的卵可用肉眼看见卵内密布的血管,卵重平均约为16克。母蛇产卵时,伏卧在草地上,尾基部向上翘起,泄殖肛孔慢慢张大,每隔30～50分钟产出一卵。母蛇产卵后,终日盘伏在卵旁或卵上,似有护卵习性,此时母蛇比较凶猛。

人工孵化蛇卵时,可在孵化箱内平铺6厘米左右的泥沙和杂草,然后将尖吻蝮的蛇卵放在上面,旁边置一水盆,在气温为20℃~32℃,土温为18℃~31℃,湿度为51%~94%的条件下,经过26~29天即可孵出仔蛇。当孵化到半个多月时,卵的颜色略变淡黄,卵壳表面有些凹瘪。孵出前的仔蛇具有卵齿,出壳前,以卵齿将卵壳划开一细缝,仔蛇的吻端由此突出缝外,持续地划动,裂缝渐次扩大,经一个多小时到一整天的时间,仔蛇才全部逸出卵外。出壳后的仔蛇盘于卵壳周围,个别的还拖有脐带。脐孔位于肛前第16~23片腹鳞之间。仔蛇大多于夜间出壳。当以器物触击刚出壳的仔蛇时,仔蛇会本能地冲击扑咬。出壳7天的仔蛇咬新生的小白鼠,小白鼠1小时后即死亡,出壳10天的仔蛇咬新生的小白鼠,小白鼠3分钟后即死亡。由此可见,初出壳的尖吻蝮仔蛇其毒腺就已经具备了分泌毒液的能力。

初孵出的尖吻蝮仔蛇,平均全长20.8厘米,平均体重8.3克,其体侧的三角形斑纹,色彩比成蛇更为鲜艳。仔蛇孵出后,饲养于木制的蛇箱内,蛇箱大小为93厘米×77厘米×50厘米,箱盖用细铁丝网制成,正面箱板用厚玻璃,以便观察。底铺泥沙、草皮,蛇箱内置水钵和最高最低温度计及湿度计。在11月至第2年3月的天冷季节,则将蛇箱移置于温室内,在蛇箱顶上加盖草包,箱内置一个40瓦灯泡保暖,使箱内气温经常保持在10℃,湿度80%左右。

饲养中的尖吻蝮仔蛇,不能主动捕食新生的小白鼠或泽蛙,故可采用小白鼠的肉块和内脏填喂,平均每10天每条仔蛇填饲0.5克。入冬前两个月共填8次,蛇体增长

14.5%,体重增加14.9%。越冬后体长无明显增加,体重却显著下降。

仔蛇在孵出10天后开始第一次蜕皮,以后每年蜕皮2~3次。仔蛇夭折的主要原因,是由于它们不能主动摄食和越冬过程中蛇箱内的气温偏高所致。所以,人工饲养和繁殖尖吻蝮,必须在过冬前使仔蛇获得足够的养分,在过冬时使气温控制在维持最低代谢水平所需要的温度,这样仔蛇才能降低体内消耗,安全越冬。

第八节　王锦蛇的饲养与繁殖

完全适合于人工养殖的无毒蛇品种还不是太多,王锦蛇便是其中的一个好品种。王锦蛇又称为菜花蛇、大王蛇、棱锦蛇、臭黄颌等。由于王锦蛇体大、耐寒、适应性强、生长快、饲养周期短,容易饲养和孵化等诸多优点,很多蛇场或养蛇户,特别是北方诸省区,大都以养它作为无毒蛇的饲养对象。

一、饲养管理

王锦蛇系广食性蛇类,常捕食蛙类、鸟类、鼠类及各种鸟蛋。食物缺乏时,它甚至吞食自己的幼蛇或同类。因此,养殖中尤其要加以注意,必须保证其食饵的充足、多样化,这也是人工养殖王锦蛇必须单养,不能与其他无毒蛇类混合养殖的主要原因。王锦蛇肛腺能散发出一种奇臭,故有臭黄颌之称,手握蛇体后要用生姜片擦洗或用香味浓郁的香皂洗手,才能把臭味洗掉。

王锦蛇的饲养密度宜每平方米 7~10 条,有个别形体较大者,每平方米可以减少 2~4 条,在立体养殖条件下每平方米可养 15~25 条。王锦蛇的食量较其他蛇类大些,一条重500~700 克的王锦蛇,1 次可吞食 1~2 只蛙类或连吞 2~3 只幼鸡雏,饱食一次后爬回窝内静卧,消化时间需 7~15 天。王锦蛇与其他无毒蛇类明显不同,它有食蛇习性,即使是投喂的饵料再充足又多样,也要不定期地投放少许水蛇、红点锦蛇或其他杂蛇。可人工顺带养一些,以避免蛇与蛇之间相互吞食。

二、蛇卵的人工孵化

王锦蛇系卵生,每年的 6 月底至 7 月中旬为产卵高峰期,每次产卵 14~20 枚不等。刚产下的蛇卵表面有粘液,因此常常几个粘连在一起。掰开卵后发现,卵内没有卵黄和卵白之分,均是淡黄色的胶状物质。卵较大,长圆形,每卵重 40~55 克,孵化期 40~45 天,据观察,王锦蛇产卵后盘伏于卵上,似有护卵行为,但人工养殖王锦蛇,一般还是人工孵化。

人工孵化王锦蛇卵,大多采用缸孵法。蛇卵孵化的最佳温度为 20℃~30℃。如果温度过低,孵化时间将会延长;温度偏高,虽可以缩短孵化期,但容易形成畸形的幼蛇。蛇卵孵化温度的不同,还影响到出壳后幼蛇性别比例也不同。缸内的孵化温度控制在 24℃~27℃,相对湿度在 50%~70%,蛇卵经过 45 天左右就孵出了幼蛇。在这种温度、湿度范围内孵化出幼蛇,雌雄蛇的比例恰好各占一半;若温度高于27℃,湿度低于40%时,卵多干瘪而死。孵化温度最好控制在 24℃～27℃，相对湿度在 70% 左右；卵的孵化出壳率最高，短时间的高温高湿并不影响孵化和出壳率。

控制适宜的温度和湿度的方法：在孵化缸内各吊放一支温度表和干湿表。温度高时，可在卵上放些新鲜树叶或鲜草，两天更换一次，如果缸内温度过低而湿度过高时，就应及时打开缸盖，把一只 60℃～80℃ 的热水袋悬吊在卵上，但不能接触到卵。在没有干湿表的情况下，可以采用土办法，凭经验来测定孵化缸内的湿度。测定的方法是：用手抓一把缸内的沙土，握紧后从 0.3 米的高处落下，沙团落地时散开，这时的湿度约为 60%；若落地时仍不散开说明湿度偏高。

三、幼蛇的饲养与管理

1. **幼蛇饲养** 刚出壳的幼蛇体长 25～35 厘米，个别的 35～45 厘米，体色较浅。一般来说，王锦蛇的幼蛇色斑与成体差别很大，幼蛇头部无"王"字形斑纹，往往使人误以为是其他蛇种。幼蛇出壳后 7～10 天即开始第一次蜕皮。对幼蛇的人工饲养，开始时最好采取人工灌喂。幼蛇可每隔 5～7 天灌喂 1 次鸡蛋液，喂 1 个月后，体长能从 25 厘米增至 50 厘米，体重增加 2 倍，人工灌喂时，开始只喂给蛋液，以后在蛋液中加一些捣成肉泥状的小昆虫，如蛐蛐、蚂蚱、黄粉虫等，为以后让幼蛇主动摄食动物饲料打下基础，这期间可投喂活体的小水蛇、蛐蛐、蚂蚱、蝗虫等，供幼蛇自行捕食。投饵时间均以幼蛇在 24 小时内吃完为准，到时将未食或被幼蛇咬死的食物全部清除，平时不要零星投放，以吊起幼蛇的胃口，培养按时摄食的习惯，刺激它以后主动捕食的欲望。

王锦蛇的幼蛇,与其他种类的幼蛇相比,吞食还是比较积极主动的,但同成体相比,主动进食能力还较差,必须人工诱导其集体开食,诱导开食的方法是:在幼蛇的活动场地内,投放数量是幼蛇数量 2～3 倍的活体小动物,创造出幼蛇易于捕捉到食物的环境,诱其主动捕食,这段时间确保每条幼蛇都能捕食到食物。幼蛇进食后隔天应检查是否所有的幼蛇均主动进食,对于个别体弱体小,不能主动进食的幼蛇,要拿出来单独喂养。同时利用医用洗耳球或钝头注射器等工具,强制灌喂流质食物,待过段时间将生长发育较好的重新放入幼蛇场,同其他幼蛇一起饲养。对于少数久喂不见起色的幼蛇,还需耐心护理。

2. **幼蛇管理** 幼蛇生长和发育的快慢,与饲养管理的各个环节直接相关。大致说来,王锦蛇幼蛇管理主要包括饲养密度、温度、湿度、投饵周期、蜕皮期管理等方面。

(1)饲养密度 刚出生的幼蛇个体较小,活动能力比较差,其密度可略大一些,每平方米可养 100 条左右。饲养约 15 天后,应拣出幼蛇总数量的 1/5,1 个月后再拣出 1/5,若打破冬眠养殖,到 10 初至中旬应减少一半的数量,如果顺其自然让幼蛇冬眠的话,则不要再拣。

(2)温度 幼蛇同成蛇的温度适宜范围基本上是差不多的,但幼蛇对温度的适应范围应略高一些。幼蛇出壳时,周围的环境温度均能满足其生活的要求,若温度低于 20℃时,应采取保暖和升湿措施,若温度高于 35℃或连续数日高于 32℃,应采取遮荫或降温措施,因它最适宜的环境温度为

23℃~28℃。

（3）湿度 对幼蛇来说,环境相对湿度保持在30%~
50%较为适宜。当幼蛇进入蜕皮阶段,对环境湿度的需求
要高一些,应保持在50%~70%,若湿度过低,气候干燥不
利于幼蛇蜕皮,往往由于蜕不下皮而造成死亡。但湿度也
不宜过大,一般不能超过75%,短时间的高湿对幼蛇没多
大影响,时间久了幼蛇易得霉斑病。

（4）投饵周期 幼蛇在第1次主动开食后,在5天内不
需投饵,应在第5~7天后开始投饵,以后每隔1周左右投饵
1次,至冬眠前的周期不变,但饵料个体可以逐步加大。王锦
蛇幼蛇喜食小水蛇,投饵数量一般为幼蛇数量的4~5倍。

（5）蜕皮期管理 幼蛇蜕皮与湿度关系密切,若栖息
环境过分干燥;蜕皮就比较困难,此时可见一些幼蛇自行游
入水中湿润皮肤后再行蜕皮。对于那些入水湿润后仍不能
顺利蜕皮的幼蛇,可人为地帮它蜕皮。幼蛇蜕皮期间必须
保证水源充足、清洁,但不需投喂饵料,以免惊扰幼蛇或造
成饵料的浪费,并应减少对幼蛇的观察次数,以确保幼蛇在
相对安全的环境中顺利蜕皮。

四、养殖中的南北差异

每年的秋末冬初时节,当外界气温逐渐下降时,王锦蛇
便转入不愿活动的状态。当气温降到10℃左右时,王锦蛇
便进入了冬眠。对于产地在北方的王锦蛇,耐寒能力比较
强,进入冬眠时的气温可能比此温度还要低。

在我国的南北方,无论采取何种养殖方式,蛇窝均应设

置在干燥的地方。王锦蛇冬眠时窝内温度宜保持在 5 ~ 10℃左右,上下偏差不宜超 1℃。温度过高,势必增加了蛇体的消耗机会,对冬眠不利;温度过低,往往会使蛇冻死。

在我国北方,王锦蛇进入冬眠期在 10 月中下旬;而在南方诸省区,则在 11 月,甚至 12 月才会进入冬眠。

第九节　找蛇与捕蛇

要捕捉蛇,首先要求对蛇有一定的了解,消除对蛇的恐惧感。生活在野外的蛇,性情较急躁,当人们捕捉它时,它常常会自卫咬人,因此一般人都不敢捉蛇。为了消除这种心理上的恐惧障碍,初学捕蛇时最好是向有经验的蛇医、草医学习,或先练习捕捉无毒蛇,待恐惧心理消除,技术日趋熟练后再捕捉毒蛇,以求安全有效。

一、蛇的活动地带和活动规律

除部分生活于水中的蛇以外,大多数蛇是陆上生活的。它们栖息于洞穴、岩缝、草地、树上、溪旁。

蛇类在冬季时冬眠洞中,仅偶尔于中午到洞外晒一下太阳。春天到秋天,蛇虽出洞活动,但活跃程度并不一样。初春、盛夏、晚秋,均因气温过冷、过热,活动较少。最活跃的时期是晚春、初夏、初秋至中秋。蛇类的栖息地,也会因气温的改变而变换。冬眠过的蛇,当入夏气温过高时,它们总会离开冬眠场所而疏散到凉爽、近水场所去。

不同种类的蛇出洞活动的时间也有差异。一般而言,眼镜蛇、眼镜王蛇、乌梢蛇、灰鼠蛇等主要在白天活动;金环蛇、银环蛇、烙铁头、赤链蛇等主要在晚上活动。而当气温过高或过低时,它们的活动时间就会相应延迟或提早。

　　风和雨等气候因素也会影响蛇的活动。有3~4级风时,蛇大多很少出洞。台风来到的前夕,捕蛇者在夜间能捕捉到较多的蛇。这些蛇之所以外出,并非出来"迎接"台风,而是因为洞中闷热难当,憋不住才出洞的。大多数蛇,如眼镜蛇等爱在晴天出洞活动,一旦下雨就会潜回洞中。可是,像尖吻蝮、竹叶青却恰恰相反,常在阴雨天活动。

　　蛇出洞活动,大多是为了觅食。当它们饱食归洞之后,会守居5~7天静待食物消化后再出洞活动觅食。

二、寻找蛇的栖息地

　　蛇蛰居的洞并不是自己挖的,大多是利用鼠洞、兽穴、树根旁的裂隙等。银环蛇还爱栖于旧坟的棺木下、旧窑等处。在蛇洞四周的4~5米范围内,常有蛇粪和蛇皮。当蛇交尾的季节,因为它们在草地上栖息较多,还可见到盘卧过的痕迹。熟练的一些捕蛇者能够根据蛇粪和蛇皮等判别出蛇的种类和雌雄。

　　大多数蛇粪,虽有些像鸡、鼠的粪便,但有股特殊的腥臭,且伴有黄、蓝、白色粉状物质,干后一般呈金黄色,新鲜时是淡黄色。当蛇吃了鼠、鸟和蛇后,由于鼠毛、鸟羽和蛇鳞无法消化掉,仍可以从其粪便中检查到。随着蛇种的不同,粪便的质地也随之而异:眼镜蛇的粪便粗糙,夹带着很多杂质,而且粪便不完整;金环蛇的粪比较完整,杂质较少,粪便细滑,用手研带有粉质;银环蛇的粪便很粗糙,不完整,干燥后硬得有点像石子。相对来说,同一种蛇,雌蛇的粪比雄蛇的粪细腻些。

蛇蜕,是蛇蜕出的皮。刚蜕出的皮,完整而柔软。若在蛇背中央有一行扩大成六角形鳞片的,则为金环蛇或银环蛇的。蛇蜕末端钝圆者为金环蛇,末端较尖细者为银环蛇。眼镜蛇的蛇蜕比银环蛇的厚,背中央没有一行扩大的六角形鳞片,黑色的斑纹尚隐约可辨。怀孕的母蛇,由于体躯增粗较难蜕皮,以致蜕出的蛇蜕会缩成一团。

蛇洞虽有借用鼠洞的,但两者不同,鼠洞洞口粗糙,可见爪痕和鼠毛等。蛇洞的洞口由于蛇体的摩擦而变得光滑,且可找到一些脱落的鳞片。假如蛇洞的洞口有蜘蛛网之类,此洞内一般不会有蛇。

用犬寻蛇。犬因嗅觉灵敏而成为猎人的助手,经验表明,用犬来寻觅蛇踪,同样获得良好的效果。然而,要让犬成为捕蛇者的好助手,应注意犬种的选择,再加以训练。宜选嗅觉、听觉灵敏,视觉锐利,警觉性高的犬。

让犬能听懂主人的口令,是通过反复的训练达到的。犬之所以能找寻到蛇,是因为蛇爬行过的地方会遗留下一些气味,其栖息处更浓烈。

值得注意的是,当犬一找到蛇,大多会跑去扑咬,这时主人应立即予以制止。曾有人带犬捕蛇时,在犬扑咬蛇时,被毒蛇反击而咬死。如果是对无毒蛇,虽然对人员不会造成伤害、死亡,但蛇一经咬伤,其经济价值就大减,且难以喂养了。因此,捕蛇者在带犬找蛇时,一旦寻到蛇就要让犬守候在侧,而由捕蛇者捉蛇为好。

三、捕蛇注意事项

1. **要会识别毒蛇与无毒蛇**　这是野外捕蛇的起码条件。在野外遇到蛇时,可根据蛇的花色、体形准确而迅速地判断出是毒蛇还是无毒蛇,做到心中有数,分别对待,避免盲目带来的意外伤害。

2. **要胆大心细,掌握捕捉要领**　在捕蛇过程中,一定要注意力集中,眼明手快,动作敏捷稳妥。千万不能麻痹大意,畏手畏脚。蛇一般都怕人,听见响声或看见人就会逃遁躲避。蛇向前爬行逃跑时,是捕捉的好机会。蛇的进攻能力在头部,捕捉时要抓住要害,从背后入手,抓住头颈部,以防其头部转动咬人。当蛇被抓住后,它会奋力挣扎,并以蛇身缠住人手。此时切不可胆怯而松手,可用另一手将蛇体松开,并轻轻握蛇体,将蛇放入笼中。放入笼中时要先放尾、体部,然后顺势将蛇头丢入笼中,盖好蛇笼。

3. **要做好捕蛇前的准备工作**　为了防范捕蛇时被意外咬伤,应提倡用工具捕蛇,并做好必要的防护准备。如穿上防护衣、裤,穿高腰皮鞋或厚布鞋袜,必要时戴上皮手套。到山林捕蛇要戴上草帽。夜间捕蛇要带好照明工具。带上捕蛇工具和装蛇用的蛇笼(或竹制蛇篓、蛇袋)。此外,还必须携带一些急救的蛇药和物件。捕蛇应避免一个人单独行动,要两三人同行,以便互相照顾。

4. **捕到的蛇要妥善处理**　捕来的蛇可装在蛇笼、蛇篓或特制蛇袋中带回。若是毒蛇可先作一些安全处置,然后再放进蛇笼中。处置的方法可视捕蛇目的而定。如果是捕来食用、做药,则可将其毒牙拔除。一般可用小钳子把毒牙自牙根部一个个钳掉,或用剪刀、竹片撬开蛇口,用力平行于蛇上颌部由内向外的方向,把毒牙削掉。去掉毒牙后,应以手指挤压蛇头的毒腺,将毒液挤出,并将蛇口置水中漂洗干净。如捕捉的蛇是供养殖并需要保留毒牙的,则可将蛇上下颌合拢,用一小条胶布,粘贴2~3圈,使之不能张口咬人。但要注意,粘贴的胶布须注意不要把鼻孔封住,以免蛇窒息死亡。

四、几种捕蛇方法

1. 棍压法　是最普通的一种捕蛇方法。捕捉时,可先用一根木棍或竹竿压住蛇的身体,以防止蛇跑掉。再用另一根棍子压住蛇的颈部,使它不能仰头咬人,并迅速地用一只手从蛇的背后捏住蛇的颈部,这时放下棍子,捏住蛇体的后半部,双手把蛇捉起来,放入布袋或蛇笼。

对于某些较大的毒蛇如眼镜蛇、尖吻蝮等,因它们挣扎时力气较大,最好由两人协同捕捉,较为安全。即一人用棍子压住蛇的身体,另一人用棍子压住毒蛇的头颈部,然后再用手捏住毒蛇的颈部,将毒蛇捉住。

2. 木叉法　在野外发现毒蛇时,可悄悄地从它的后面接近它,出其不意地、准确地用特制的木叉叉住蛇的颈部,一手固定木叉不让蛇跑掉,另一手捏住毒蛇的头颈部,然后放下木叉握住毒蛇的后半部,便可将毒蛇捉住。

3. 泥压法　是一种简单的捕蛇方法,适用于捕捉在地面或石头上活动的小蛇。即用大块黏泥,用力向蛇摔去,把它黏压在地面或石头上,使它一时不能逃走,立即用手捕捉之。

4. **蒙罩法**　适用于捕捉性格凶猛、活动较大的毒蛇,如眼镜王蛇等。当人们接近眼镜王蛇时,它常竖起头颈,"呼呼"吐舌,这时可用斗笠、草帽、衣服、麻袋、蓑衣等向蛇头甩去,蒙住它的头部,并迅速用手压住,用脚踩住它的身体,再设法捉住头颈部,迅速投入蛇笼。如果毒蛇受到惊扰,捕时应格外小心,最好两人协同捕捉,即由一人用草帽等蒙住蛇头,再用小棍子压住蛇身,另一人用长棍挑开草帽等物,并迅速压住蛇头颈部,然后两人共同把它捉住。要是斗笠、草帽等没有罩住它,赶快用棍子打蛇"七寸",毒蛇受到打击后,会伏下逃走,这时可用棍压法捕之。

5. **索套法**　这种方法捕蛇,虽较麻烦,但却稳当。捕蛇前,先用一根长约1米的竹竿,将中间竹节打通,穿上一条具有一定硬度和弹性的细塑料绳或细铁丝,做成一个活动的圈套。捕蛇时,用手拿着竹竿和绳索的一端,从蛇的背后,将活套对准它的头部,迅速地套住它的脖子,立即拉紧活套,即可捕捉到蛇。但活套不要拉得太紧,以免使蛇受伤或窒息。

6. **网兜法**　这种方法适用于捕捉运动中的蛇,以及在水中游动的蛇。即用一长柄网兜(网袋做成长筒形,网眼要密)从蛇身后伸过蛇头,再往回捞兜,把蛇兜入网袋中,并随即扭动网柄,将袋缠在网柄上,锁住网口,使蛇不能出来。然后用蛇钳隔网将蛇夹住,再扭动网柄,伸开网袋口,并把袋口罩在蛇笼口,把蛇倒进蛇笼,关上笼盖。

7. **铁钩法**　此法适宜于捕捉行动较缓慢、爱蜷曲成团的毒蛇,如尖吻蝮、蝰蛇等。另外,在蛇笼中提取蛇时,也可用铁钩。即用 1 米左右的钢筋条,前端做一弯钩,捕蛇者手持铁钩将蛇挑入钩中,再迅速将其放进蛇笼内。由于用蛇钩钩蛇,对蛇没有刺激,在短时间内,蛇还来不及发怒咬人,所以动作要稳快,要趁其未激怒前即送进笼中。若钩蛇失败,蛇滑落在地,即顺势用蛇钩压住蛇头,改用棍压法捕捉。

8. 铁钳法　用特制的蛇钳直接夹持蛇的颈部放进蛇笼。对于体形小的蛇,如蝮蛇、赤链蛇等,用普通的铁火钳,即可将其牢固夹住。此法简便易行,且容易掌握。

9. 诱钓法　即在蛇常出没之处,挖一个约 1.5 米深、1 米见方的坑,或置一大缸埋于地下,缸口与路面相平,内放青蛙之类。蛇入其中难以窜出。此法对个儿大,凶残贪吃的蛇比较好用。

10. 光照法　蛇大多畏光,尤其是金环蛇、银环蛇等夜行性蛇类,经强光一照立即会眼睛昏花,因此夜晚携带强光手电用以照射蛇头,常常会使蛇蜷缩成一团。然后再实施捕捉就便利多了。

11. 徒手压头法　是一种常用的徒手捕捉方法。采用此法必须熟悉蛇性,手法熟练,动作敏捷,一看准蛇头的位置,立即用手掌把蛇的头部压住,用另一只手捏住蛇的头颈部。压住蛇头的位置应注意要使蛇不能反身咬到才行。

12. 徒手拖尾法　当蛇向前逃跑时,迅速用手拖住蛇的尾巴,立即提起来,使蛇头朝下,不停抖动,使它转动不灵,无法抬头咬人,然后把蛇丢进蛇笼。如遇较大较凶的毒蛇,可尽快朝光滑的地方拖去,再使劲地左右甩动使其疲劳,然后迅速准确地捏住毒蛇的头颈部,或采用棍压法捕捉。这种方法难度也较大,技术要求高,一般没有捕蛇经验的人不要轻易尝试。

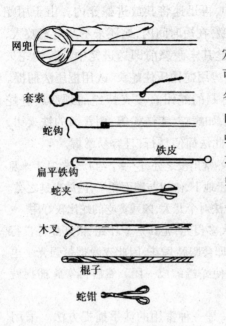

网兜

套索

蛇钩

铁皮

扁平铁钩

蛇夹

木叉

棍子

蛇钳

图9　常用的捕蛇工具

13. 挖洞捕蛇法

蛇大多有其栖居巢穴,且隐匿能力较强,可采取此法捕捉:每年冬季蛇类成群蛰伏洞内冬眠,此时乃挖洞捕蛇的最佳时机。但要求会辨别蛇洞,当找到蛇洞后,要注意观察四周,若有几处洞口则要把小洞用泥土、石头堵塞住,再从主洞口掘进。如有几个人挖洞,也要把多余的洞口堵住塞牢再行挖掘。在挖掘过程中,如发现有支道,要先把支道口塞牢,挖完主道后再挖支道。当最后发现蛇盘伏在洞里时,可用蛇钩或蛇钳捕之。

14. 烟熏捕蛇法

遇到蛇洞洞口很多而且很深的情况,挖掘不便,可用烟熏捕蛇法较为省力。这种方法首先要把主洞口扒大些,把其余的洞口堵塞紧,然后把点燃的柴草塞入主洞中,再用斗笠、草帽等把火烟扇进洞内。柴草烧完后将灰烬扒出来,铺上一层干泥土,再把洞口堵住一半,留下来的一半洞口糊上一层稀泥,经过 15～30 分钟,蛇在洞内忍受不住烟熏的刺激,便会往外爬,等到蛇头穿破稀泥伸出来时,立即用手或蛇钳夹住头颈部,把蛇拖出来,有时洞里的蛇会猛冲出来,因此要准备好木棍或竹竿,迅速压住捕捉。此法要耐心、机警,注意观察洞口,如一次烟熏不出来,可再进行烟熏。

捕蛇时可能碰到的一些意外情况。有的毒蛇,如眼镜蛇、眼镜王蛇在激怒时,竖起前半身,"呼呼"地往外喷射毒液,远的可达数米。遇到这种情况,要防止毒液进入眼睛,以免使眼睛失明。一旦毒液进入眼睛,必须立即用清水冲洗干净;有的毒蛇,如尖吻蝮、蝮蛇等有夜间扑火的习性。在这类毒蛇出没的地方,晚上用明火照亮捕蛇时,虽能起到"引蛇入洞"的效果,但也要特别注意,防止毒蛇扑火时造成伤害。如果遇到毒蛇扑火,要沉着镇静地将火把扔掉,如果扔到水沟里,火灭后毒蛇即不再袭击人或悄悄溜走,如果扔到路上,毒蛇还可能扑向火把,这时再用工具捕捉;另外若是毒蛇追袭人时,切忌惊慌失措,更不要沿直线逃跑,可采取左右跑"之"字形的方法,避开追击,或者向光滑的地面跑去;也可以站立原地,面对毒蛇,注视它的来势,向旁闪开,然后找机会用蒙罩法或棍压法捕捉。应当提醒的是,有些人以为手或脚上涂上蛇药或有刺激性、毒性的药物,蛇就不敢接近,也不会咬人,捕蛇就可轻而易举了。其实,这是一种错误的认识。因为毒蛇咬人是它的自卫本能,不管涂药与否,当你踩到或捉住它时,毒蛇是不顾一切的,为了逃生,它照样会咬人,因此捕蛇时切不可以为涂了药而掉以轻心。

第四章　毒蛇咬伤的防治

第一节　蛇毒的毒性强度

　　蛇伤中毒是由于毒蛇咬人时将蛇毒注入人体所致。为了使治疗蛇伤的工作做到胸中有数,有的放矢,首先,必须对蛇毒的本质有比较全面的理解,不仅要从质的方面了解它的毒性成分和毒理作用,而且还要从量的方面了解它的毒性强度。

　　蛇毒的毒性强度,常用半数致死量 LD_{50} 来表示。蛇毒的半数致死量是指选用某种给毒途径,将蛇毒按体重计算,注入到动物体内,在一定的时间内引起半数动物死亡的剂量。如小白鼠皮下注射眼镜蛇毒,观察 24 小时的半数致死量是 0.53 毫克/千克体重。也有人采用最小致死量来表示毒性强度,即恰好能引起一组动物死亡的最小剂量(MLD,相当于 LD_{95} ~ LD_{100})。

　　各种蛇毒的毒性测定在国内外都有实验报告,由于蛇的产地和饲养方法的不同,实验结果出入颇大。它虽可以反映各地蛇毒或各批蛇毒毒性的差异,但某些人为的因素,例如蛇毒的采取、处理和保存的不同,也可影响实验的结果。表 4 中提供的材料为国内资料,且是在重复资料中选用的一种效价较高的结论。

表4　各种蛇毒对小白鼠的半数致死量

蛇毒种类	小白鼠半数致死量(毫克/千克,皮下注射)
眼镜蛇毒	0.53
眼镜王蛇毒	0.34
银环蛇毒	0.09
金环蛇毒	2.4
蝰蛇毒	1.6
竹叶青蛇毒	3.3
蝮蛇毒	2.0
尖吻蝮蛇毒	8.9
平颏海蛇毒	0.52

　　蛇毒的毒性强度与蛇伤的中毒程度有一定的平行关系,毒性愈强,引起的中毒程度也愈重;毒性较弱,引起的中毒程度也较轻。但若仅靠这一点去分析病例是不全面的,也是不符合实际的,必须结合毒蛇咬人时的注毒量,才能作出比较正确的判断。例如,眼镜王蛇排毒量多,其蛇毒毒性强,被它咬伤时的中毒反应可能比较严重。与此相反,竹叶青排毒量少,其蛇毒毒性也较眼镜蛇弱,被它咬伤时全身中毒程度可能较轻。银环蛇排毒量虽少,但蛇毒的毒性强,故这种蛇一般都有很大的危险性。尖吻蝮的蛇毒毒性虽较弱,但其排毒量甚多,对这种蛇咬伤的危险性也不能忽视。

第二节　蛇毒的性质

　　蛇毒是一种稍具黏性的液体,呈黄色、淡黄色、绿色甚至无色;味苦或有腥味,比重为1.039(1.030~1.050),含有65%~80%的水分。新鲜时呈中性或弱酸性反应,放置稍久可变成碱性。新鲜毒液接触空气则产生泡沫,室温下放置24小时则腐败变臭,冰箱中可以保存15~30天。在零下40℃保存时间较久,真空干燥后得到跟原毒液相同色泽的类似结晶,呈颗粒状或鳞片状小块,干毒性质较毒液稳定且耐热,有较强的吸水性,封存在有色安瓿中能保持50余年而毒性不变,遇水仍能溶解。蛇毒经紫外线及加热后毒性消失,少数如眼镜蛇毒,虽经100℃加热15分钟仍能保持部分毒性,非经久煮不能破坏;凡能使蛋白质沉淀变性的强酸强碱及重金属盐类均能破坏蛇毒。许多学者认为,人和动物的肠胃消化液能破坏蛇毒,肝脏有解蛇毒的作用,当口腔及消化道没有病灶,口服小量蛇毒是无妨的。

蛇毒具有抗原性,适量反复作用于人和动物体内,能产生达到保护作用的抗毒素,这种抗毒素在人体内至少能维持4个月,但不能终身免疫。因此,被毒蛇咬伤过数次的人,即使同种毒蛇咬伤仍可能引起中毒。

蛇毒是动物中最剧烈的毒素,据估计:1克蛇毒注射到动物体内,可使1000只兔子,或1万只豚鼠,或30万只鸽子死亡;0.1~0.2克蛇毒就可使马中毒而死。通过动物实验比较蛇毒毒性强度,证明1克银环蛇毒能毒杀小白鼠40余万只,1克眼镜蛇毒能毒杀25万余只,1克竹叶青蛇毒也能毒杀7000只。有些毒蛇的毒性很弱,如绞花蛇、水泡蛇和泥蛇等,被咬伤者不一定致死。

第三节 蛇毒的毒性成分

蛇毒是成分复杂的混合物,不同种的毒蛇分泌不同组成及不同性质的蛇毒;不同地区、不同季节的同种毒蛇的蛇毒成分也可能有一定的差异。在分类学上亲近的蛇种可能有近似的或相同的毒性成分。由于各种蛇毒中含有多种有毒成分,故毒蛇咬伤中毒的毒理作用是很复杂的。为了更好地了解蛇毒对人体的毒性作用,以便针对性地采取有效措施,救治蛇伤中毒病人,以及利用蛇毒,人们对蛇毒进行了较深入的研究。用盐析、电泳、凝胶、过滤、离子交换纤维素层析等方法,将蛇毒毒性成分分离提纯。目前已分离提纯的有神经毒素、心脏毒素、凝血毒素、出血毒素、磷脂酶 A 及其他酶等。

一、神经毒素

从几种眼镜蛇、海蛇蛇毒中分离提纯的结晶,它们的化学结构很相似,都是不具酶活性的多肽,具有以下共同特征:

①可透析,分子量 5500 ~ 7000。

②强碱性,等电点为 pH 值 9.0,带强正电荷。

③在酸性溶液中对热稳定。

④分子中含有 4 个或 5 个二硫键,是保持天然构型与毒理作用的基础。

⑤富含碱性氨基酸、精氨酸、赖氨酸,残基总数为 7 个 ~ 13 个,天门冬氨酸(多数是酰胺型)、苏氨酸和丝氨酸的

含量也高,并含 1 个色氨酸残基、1 个或 2 个酪氨酸(或组氨酸和亮氨酸;某些眼镜蛇毒缺乏组氨酸或亮氨酸)残基,还有 8～14 个脂肪族羟基。

⑥毒性很强,占蛇毒毒性的大部分,它的致死毒性比粗毒(未经提纯的蛇毒)大 6 倍。

根据分子结构内氨基酸残基数目的不同,可将眼镜蛇和海蛇神经毒素分成两组,其区别见表 5。

所有海蛇和多数眼镜蛇科蛇毒属于第Ⅰ组,印度眼镜蛇、泰国眼镜蛇等蛇毒中的主要神经毒素属于第Ⅱ组。已经证实两组神经毒素保持毒性必需的 4 个二硫键的位置是相同的,分子中相同或相似的氨基酸成群地反复出现。

表 5　眼镜蛇和海蛇神经毒素中两组多肽毒素区别表

项目	第Ⅰ组	第Ⅱ组
氨基酸残基数	61～62 个(15 种或 16 种氨基酸)	71 个(17 种或 18 种氨基酸)
二硫键	4 个	5 个
氨基酸种类	富含谷氨酸,缬氨酸含量较少,缺乏丙氨酸、苯丙氨酸,大多数缺乏蛋氨酸(海蛇神经毒素缺其中之两种,少数缺乏一种)	富含缬氨酸,谷氨酸含量较少,丙氨酸残基2～3 个,苯丙氨酸残基 3 个
羧基端	多数为天门冬酰胺	不定
氨基端	多数为亮氨酸	异亮氨酸,海蛇毒多为精氨酸
阻滞神经肌肉接头的可逆性	可逆(缓慢)	不可逆

从银环蛇毒中分离出的 α-环蛇神经毒素,在氨基酸组成方面类似第Ⅱ组眼镜蛇神经毒素,它由 74 个氨基酸残基(18种氨基酸)和 5 个二硫键组成,含有较多的疏水氨基酸(如缬氨酸、丙氨酸、苯丙氨酸),而谷氨酸残基较少,因而产生不可逆性神经肌肉接头阻断作用。β-环蛇神经毒素可能是 α-环蛇神经毒素的二聚体。

神经毒素可以竞争呼吸链中的铁卟啉,从而影响神经细胞的呼吸和需氧代谢。临床上主要通过神经肌肉接头阻断作用而引起弛缓性麻痹,终因外周性呼吸衰竭而死亡。这种作用随蛇种而各具特点。眼镜蛇和海蛇神经毒素作用于运动神经末梢的突触前和突触后部位,主要抑制运动终极上的乙酰胆碱受体,使肌体内的神经介质——乙酰胆碱不能发挥其原有的除极作用,与 α-筒箭毒作用相似,从而导致横纹肌松弛,但不抑制神经末梢释放乙酰胆碱。这种作用能被新斯的明反复冲洗而取消。α-环蛇神经毒素类似眼镜蛇神经毒素或筒箭毒,仅作用于突触后部位,引起不可逆的神经肌肉接头阻断,新斯的明不能对抗其作用。β-环及 γ-环蛇神经毒素通过减少突触前膜释放乙酰胆碱而发挥阻断作用,但不影响肌肉对乙酰胆碱的敏感性。

此外,眼镜蛇神经毒素还有抑制豚鼠离体脑组织合成乙酰胆碱的功能。

大多数响尾蛇和蝰蛇蛇毒通常不具有神经毒素,但少数例外。如从南美响尾蛇毒中分离出一种神经毒素,它是酸性蛋白质和碱性蛋白质的复合物,分子量30000,呈酸性(等电点为 pH 值 4.7),它通过抗除极型的神经肌肉阻断作用,引起多种动物的弛缓型麻痹。某些南美响尾蛇毒中的痉厥毒素,也是一种酸性的(等电点为 pH 值 6)、不能透析的蛋白质,不具磷脂酶 A 和多肽毒素活性。由静脉注入动物体内引起呼吸暂停,失去平衡,产生痉厥、多涎、眼球震颤及强烈的肠收缩等症状。此外,在 27 种北美响尾蛇毒中,已发现 6 种含有具神经毒素的小分子蛋白质,其特性和作用机制尚待研究。

在蝰科蛇毒中,目前仅从巴勒斯坦蝰蛇毒中分离出一种神经毒素,也是不能透析的碱性蛋白质,含有 108 个氨基酸残基和 3 个二硫键,它不仅作用于神经系统,而且还影响心血管系统的功能,主要引起循环衰竭,可能是原发地作用于脑血管运动中枢所致。

二、心脏毒素

眼镜蛇毒中的心脏毒素是一种强碱性多肽,等电点为 pH 值 12,占眼镜蛇毒干重的 25% ~40%,但致死作用只有其神经毒素的 1/20,磷脂酶 A 能加强它的致死毒性。分子量 5840 ~6912,由 60 ~62 个氨基酸残基组成,没有游离的巯基(-SH),螺旋结构内有 3 ~4 个二硫键,不具酶活性,可透析,不耐热,85℃加热 15 分钟即失去 50% 的活性,加热到 100℃则全部灭活。几种眼镜蛇、海蛇等蛇毒中的心脏毒素的一级结构与第 I 组眼镜蛇神经毒素接近,与神经毒素不同的地方是侧链多,富含疏水氨基酸和赖氨酸,各占分子的 25% ~20%,精氨酸含量很低(1 ~2 个残基)。

高浓度的心脏毒素能引起离体蛙心收缩期停跳,低浓度则反能兴奋之。此毒素对哺乳动物心脏有极强的毒害作用,发生短暂兴奋后转入抑制、心搏动障碍、心室纤颤、心肌

坏死等变化,最后死于心力衰竭。心脏毒素还能损害细胞
的结构功能,引起动物注射处的肌肉溶解和炎症反应,并参
与阻断神经肌肉接头,引起骨骼肌麻痹和呼吸衰竭。近年
来的研究证明,心脏毒素是一种直接溶血因子,能直接溶解
经过洗涤的某些动物的红细胞,尤其在有磷脂酶 A 存在时,
溶血作用更强,这种协同效应可能是心脏毒素中的二硫键
与膜成分中的巯基(-SH)作用而改变了膜结构所致。蝰蛇
蛇毒及少量响尾蛇蛇毒中也含有心脏毒素。

三、出血毒素(血管毒)

出血毒素是大多数蝰蛇蛇毒及响尾蛇蛇毒中的主要致
死成分,它是一种蛋白质,没有酶活性,溶蛋白活性低。主
要作用于肺脏的血管系统,可致肺、心、肾、脑组织出血而死
亡。其机制是破坏细胞间的黏合物质,引起血液外渗,但对
细胞没有损害。

四、凝血素

凝血素能使血液产生不正常的凝固现象。从竹叶青和
尖吻蝮蛇毒中提纯出来的凝血素,不需要任何其他血液凝
固因子的存在,能直接使纤维蛋白元转化为纤维蛋白,引起
血液凝固(凝血酶样作用),肝素不能对抗之。蝰蛇蛇毒的
凝血素能激活第 X 因子,在磷脂、V 因子、Ca^{++} 等参与下形
成凝血活素,促使凝血酶元迅速转化为凝血酶,因而引起血
液凝固(凝血活素样作用)。促凝作用与蛇毒中所含的氨

基酸酯水解酶有密切关系。

五、抗凝血素

各种蛇毒的抗血凝作用不尽相同。金环蛇、眼镜蛇及蝰蛇毒中的抗凝血素作用于凝血酶元转化为凝血酶的过程;眼镜蛇毒还作用于纤维蛋白元转化为纤维蛋白的过程,并能破坏凝血活素。烙铁头、眼镜王蛇及海蛇等蛇毒中也含有抗凝血素。

六、酶类

各种蛇毒均含有丰富的酶活性,故早年曾将蛇毒的大部分毒性作用归因于它所含的酶类。眼镜蛇科蛇毒都含有胆碱酯酶,但它不是神经毒素的主要成分,因为破坏此酶后其神经毒素仍保持不变。不同蛇毒所含酶成分有差异,蝰蛇及响尾蛇蛇毒中含有的蛋白酶与氨基酸酯酶,在海蛇和眼镜蛇蛇毒中是没有的。

蛇毒中的酶类多数是水解酶,主要有:磷脂酶、透明质酸酶、肽链外断酶、L-氨基酸氧化酶、三磷酸腺苷酶、二磷酸腺苷酶、核糖核酸酶、脱氧核糖核酸酶、核苷焦磷酸酶、5-核苷酸酶、胆碱酯酶、蛋白酶类等数十种。它们的单个或复合作用,特别是与其他毒素协同或联合作用,在蛇伤中毒中具有一定的意义。现将与毒性关系较大的几种酶的特性,介绍如下。

1. **蛋白质水解酶**　含于多种蛇毒中,特性随蛇种而异,都具有水解蛋白质的作用。由于溶解肌肉组织和损害血管壁,引起蛇伤局部肌肉坏死、出血、水肿,甚至深部组织溃烂。

此外,蛋白质水解酶作用于血浆球蛋白释放徐缓激肽,引起机体组织释放组胺,间接影响心血管系统的功能,还能增加神经组织的通透性,从而影响神经系统的功能。

2. **磷脂酶 A**　它是目前了解得比较深入和最重要的一种酶成分。此酶水解卵磷脂或脑磷脂,产生具有溶血作用的溶血性磷脂类物质,作用于红细胞使之溶解,因此被称为"间接溶血素"(即必须有卵磷脂或脑磷脂存在才能引起溶血)。从蝰蛇、尖吻蝮、烙铁头、眼镜蛇等蛇毒中提纯出来的"溶血素",多数属于这种类型。溶血性磷脂还可以作用于许多以磷脂类为重要组成成分的膜结构,例如,它可以破坏肥大细胞使之释放组织胺、5-羟色胺、肝素等;破坏线粒体膜,可使细胞的生物氧化及能量代谢遭到破坏;溶酶体的破裂可以释放出其中所含的多种酶类,特别是蛋白酶类,能促进机体的自溶和腐败;微粒体的破坏,可以影响蛋白质的生物合成;溶血性磷脂还能破坏神经细胞、肝细胞的完整性;损害毛细血管内皮,引起内出血及外出血、水肿、坏死等病理变化;直接作用于横纹肌引起痉挛,肌肉肿胀,甚至肌肉溶解;此外,磷脂酶 A 水解磷脂时还产生一种不饱和脂肪酸,能使人的支气管产生慢而强烈的收缩,一般称为慢反应物质 C。

3. **透明质酸酶**　是许多蛇毒中的一种扩散因子,它能水解人体内广泛分布的结缔组织中的透明质酸,破坏结缔组织的完整性,促使蛇毒从咬伤局部向其周围迅速扩散和吸收。

4. 三磷酸腺苷酶(ATP酶) 见于眼镜蛇科、蝰科蛇毒中。此酶水解三磷酸腺苷,减少机体能量供应,影响体内许多生物活性物质(如神经介质、蛋白质等)合成,导致各系统相应的生理功能障碍。

5. 其他 蛇毒中还含有丰富的神经生长因子,比哺乳动物(包括人)组织器官中的含量大得多,它的分子量是40000,为不能透析的碱性蛋白质,等电点为 pH 值 9.5~11,有刺激和控制感觉神经及交感神经细胞生长的作用。

第四节 蛇毒对机体的作用

一、局部作用

1. **疼痛** 当被竹叶青、尖吻蝮、烙铁头等蛇咬伤后,局部疼痛剧烈,有如刀割、火烙,并沿咬伤处上行扩散蔓延,一定时间后疼痛减轻或出现麻木感。疼痛的原因主要是蛇毒成分直接刺激感觉神经末梢所致。金环蛇、银环蛇咬伤后一般不痛或轻微疼痛,此类蛇毒则具有抑制痛觉感受器的特性。海蛇咬伤的当时并无疼痛,1~2小时后四肢和躯干部肌肉发生中度至重度疼痛,说明此种蛇毒不是直接致痛物质,它必须经过一定时间释放某种介质而致痛,可能由于细胞内的 K^+、腺苷酸(如三磷酸腺苷等)、酶类等逸出细胞外,刺激感觉神经末梢所致。

2. **肿胀** 血液或血浆溢出血管外,淋巴液停滞于组织间隙,引起局部循环障碍而形成。常见于血循毒类蛇咬伤,被咬数分钟后即出现肿胀,原因是蛇毒中的蛋白酶类、磷脂酶 A 等成分,损坏血管内皮及组织细胞,同时释放组胺、5 - 羟色胺、徐缓激肽等物质共同作用的结果。透明质酸酶亦能促使肿胀蔓延。

3. 伤口出血 这是血循毒类蛇伤的特征之一,尤以尖吻蝮咬伤的出血往往不易制止。出血原因是蛇毒中的出血毒素、蛋白酶类破坏血管所致。神经毒类蛇伤很少大量出血现象。

4. 水泡、血泡及组织坏死 常见于尖吻蝮、眼镜蛇、蝰蛇、竹叶青等蛇伤,发生的原理同肿胀,也是因为蛋白质水解酶、磷脂酶 A 等成分的毒害作用。海蛇毒能直接作用于横纹肌,可见细胞浸润、肌纤维变性、坏死、溶解等病理变化。

二、全身作用

1. 对神经系统的作用

(1)感觉及运动障碍 多见于神经毒类蛇伤。咬伤局部有微痒、刺痛、触压痛敏感等感觉,局部或向心性扩散,可发展为全身肌肉疼痛、骨与关节酸痛,全身无力或有麻木感。主要原因是蛇毒直接作用于感觉神经末梢,与介质的释放亦有关。肌肉麻痹是运动障碍的基础,产生的主要原因是神经毒素具有的箭毒样作用,其次是蛇毒直接作用于肌肉及释放徐缓激肽等物质,导致横纹肌松弛或麻痹,最初头部肌肉松弛,引起复视与眼睑下垂,逐渐波及上肢、躯干和下肢,发展为全身无力,甚至瘫痪,最后膈肌运动障碍而致呼吸停止。

(2)脑神经症状　神经毒类蛇伤经过一定潜伏期后,蛇毒通过直接作用于脑神经或影响介质释放等途径,引起不同程度的脑神经症状,如嗜睡、精神萎靡、视力及听力障碍、嗅觉异常、步态蹒跚、声音嘶哑、吞咽及语言困难、口涎直淌等表现,尤以吞咽神经中毒症状最为重要和具有特征性。血循毒类蛇伤中毒严重者引起颅内出血,也可产生危险的脑症状。蛇毒还可影响体温调节中枢,表现发热或恶寒。

(3)呼吸麻痹　常见于神经毒类蛇伤。产生呼吸麻痹的原理比较复杂,最突出的是蛇毒通过箭毒样作用阻断神经肌肉接头的冲动传导,使呼吸肌麻痹,呼吸运动障碍,一般认为这种外周性呼吸麻痹是致死的主要原因。临床上单用人工呼吸或呼吸兴奋剂,往往不能救治神经毒所致严重呼吸麻痹,只能延长一定时间的生命,仍可死于循环衰竭,因此更应该采用综合性抢救措施。

2. 对心血管系统的作用

(1)心力衰竭　心脏毒素及其他有毒成分广泛损害心肌,是心力衰竭发生的主要原因。静脉注射眼镜蛇蛇毒于动物,几分钟内就发生心脏功能障碍,出现心肌广泛混浊、脂肪变性、出血、心肌纤维断裂、部分肌纤维肿胀及间质水肿等病理变化,个别动物的心肌呈灶性坏死。心电图表示ST段下降,T波电压增高、双相倒置,QT间期延长,严重时出现束支传导阻滞、期外收缩、窦性心动过速和心室纤颤等现象。这些改变与人体中蛇毒的表现基本相似。

（2）血压下降及休克　多种蛇毒的早期降压主要是外周毛细血管的扩张所引起，严重时导致休克。磷脂酶 A、蛋白质水解酶、出血毒素等成分破坏血管壁、组织细胞及正常血凝机制，引起难以制止的大量内出血或外出血、血栓（如大量纤维蛋白沉积在肺微循环内）或血液失凝，加上机体释放的组胺、5－羟色胺、徐缓激肽等物质，促进毛细血管扩张，并增加其通透性，使血液充盈在肺循环或肝脾血管床，血浆外溢，血液黏滞度增加，有效循环血量减少，必然造成急性循环功能障碍，出现血压下降，以致休克。组胺尚能收缩肺动脉，增加肺循环阻力而使回心血量减少，影响左心输出血量，以及蛇毒直接抑制血管运动中枢，或通过外周血管扩张也能产生低血压。心脏毒素损害心肌及因呼吸抑制所致缺氧，常是中毒晚期血压持续下降和循环衰竭的主要原因。

3. 对血液的作用

（1）血凝障碍及脱纤维蛋白综合征　有的蛇毒具有促凝作用，可形成血凝块栓塞于血管内，引起患者迅速死亡；有的蛇毒具有抗凝作用；有的则上述两种性质都存在；也有少数蛇毒既不促凝也不抗凝。

人被毒蛇咬伤时还能引起出血症状，常因出血难以控制而导致死亡。这是因为蛇毒中具有凝血酶样或凝血活素样作用的氨基酸酯酶产生的血管内凝血，消耗大量凝血因子，特别是纤维蛋白元转变成纤维蛋白，形成微细血块沉积在血管壁上，使血浆中纤维蛋白元大量减少以至耗竭,因而形成脱纤维蛋白综合征而使血液失凝。这些微细血块不断被体内的纤维蛋白酶系统所溶解或破坏,其溶解或破坏的产物又是一种促进出血的因素。同时,蛇毒中较高浓度的蛋白质水解酶,分解纤维蛋白和纤维蛋白元,从而加速脱纤维蛋白综合征的形成。

（2）溶血症状　常见于血循环毒类蛇伤。原因是蛇毒中的溶血素直接或间接溶解红细胞所致。

4. 其他方面的作用　蛇毒对机体产生广泛作用,例如损害肝细胞,引起肝肿大、肝区压痛;损害肾小管,出现血尿、尿中蛋白与管型等病理变化。

第五节　预防蛇咬伤

一、掌握毒蛇的活动规律

大多数毒蛇是怕人的,遇到人或受惊时就会迅速逃跑,除眼镜王蛇和正在孵仔的眼镜蛇有时会主动袭击人之外,其他毒蛇都不会主动咬人。一般来说,毒蛇咬伤大多是发生在人踩到或逼近蛇体时。只要不踩着或接近蛇,就不会被蛇咬伤。

蛇伤的部位大多在下肢,特别是在脚踝以下,其次是上肢,极个别情况下有被咬在头部的,这与人的活动状态有关。

各种毒蛇的活动都有一定的规律。如眼镜蛇喜在白天和黄昏出来活动,其活动地方多在丘陵、山坡、坟地、田野、山边。银环蛇、金环蛇喜在夜间活动,其活动地方多是水沟、塘边、桥头、路边。烙铁头亦在晚上活动,其活动处多是山间、屋前后、岩坡上。蝮蛇、尖吻蝮、竹叶青在白天、晚上都会出来活动。蝮蛇在白天常蜷伏在菜土畔、乱石堆、茅柴堆下,夜间则在水沟边、草地、路边。尖吻蝮喜在溪边、岩洞和落叶堆上盘伏,天气闷热或雨后傍晚常出洞活动。竹叶青常栖息在树枝上,其色与树叶和竹子极为相似。此外,尖吻蝮、蝮蛇等蝮亚科的毒蛇具颊窝,对一定的热源很敏感,夜间行路用明火照亮时,要特别注意,以防此类毒蛇扑火咬人。

　　蛇是变温动物,它的活动与外界气温有密切关系。一般是春末出洞,夏秋活动频繁,冬季入蛰冬眠。气温在18℃~30℃时,毒蛇活动最为活跃,排毒量也很高,如此时被咬伤,中毒症状也较严重。在我国长江以南,7~10月份是蛇伤发病率最高的时期,掌握了毒蛇这些习性和规律后,就能采取相应的防护措施。

二、做好个人防护

　　毒蛇咬伤多见于四肢的腕、踝关节以下露出部位,所以在蛇类较多的地方,最好不要赤足走路。晚上外出还要带上木棍和手电筒。在野外工作时,尤以进入草丛和深山时,要穿上长袖衣裤和鞋袜,注意观察上下左右有无毒蛇,最好先用长棍棒打动草丛开路,即"打草惊蛇",将蛇赶跑。进入丛林时,还要戴上斗笠或草帽,防止毒蛇咬伤头、颈部。在割草、打柴、割稻、收割红薯藤时,最好先打动一下让蛇惊跑。到山溪边时，要先观察一下，不要随便跳到岩石上，因为五步蛇的颜色和溪边的岩石颜色很相像。在夜间用明火照明走路时，如遇到毒蛇扑火，要沉着镇静，迅速将火把扔掉，火熄灭后，毒蛇就不动或自行溜走。在野外如遇到毒蛇追人时，也不要惊慌，千万不要沿直线逃跑。可采取"之"字形线路跑开躲避；或者向光滑的地面跑去；也可以站在原地，面对毒蛇，注视它的来势，向左右避开，或者顺手拾起棍棒之类，乘它攻击时当头一棒，将毒蛇打死或赶走。

在集市观看卖毒蛇时，切勿靠得太近，防止蛇毒进入眼睛，引起中毒；尤其是眼镜蛇、眼镜王蛇在发怒时，常竖起前半身，并"呼呼"喷气，有时毒液从毒牙中喷出来，远的可达2米。遇到这种情况，更要注意防止毒液进入眼睛，以免使眼睛瞎掉。一旦发生，必须立即用清水或生理盐水反复冲洗，或用结晶胰蛋白酶 1000～2000 单位，加生理盐水 10～20 毫升溶解后，滴入或泡浸眼睛，这样可将蛇毒破坏，避免中毒。

为了保证安全，收购和宰杀毒蛇的人员，要做好防护措施。操作时，要戴上防护手套，最好穿上球鞋和长裤，严防砍断的蛇头跳动或掉地而造成伤害。严禁自恃技术熟练而放弃防护进行操作。经常外出捕蛇者，最好两人以上同行，并使用工具捕捉，万一需要徒手捕捉毒蛇，一定要大胆小心，随机应变，不要冒失从事，一旦被咬伤，应立即进行局部排毒处理和服蛇药，并应及早就医。

三、药物预防

民间流传的一些预防蛇咬伤的单方、验方，多已被发掘出来。除一部分是烟熏、佩、带使用的外,主要是内服,有解毒作用,或者先服可以减轻咬伤中毒症状或短期内控制毒性发作。

预防蛇伤验方:

外用方:

①樟脑25克,茅术、石菖蒲各15克,共研细末,撒床褥间壁角诸处。

②芥菜子、辣蓼、樟脑各5克,烧烟熏之。

③干姜、雄黄各10克,蜈蚣1条,共研细末,布包带在身上作为预防,遇螫加水或酒调敷之。

④雄黄50克,乌桕嫩叶100克,小槐花50克,蜈蚣(焙)25克,共研细末,制成药饼,随身携带。

内服方:

①瓶尔小草、薯草、青木香、蜘蛛抱蛋(百合科)、瓜子金、耳叶牛皮消,蛇含草各20克,仙芭、鸡屎藤、面根藤(旋花科)、侧柏、七叶黄荆(牡荆)、石苇、白茅根、白花商陆、过路黄、积雪草、金银花藤各15克,野地瓜藤(桑科)、翻白草各20克,酒1千克,共浸泡1个月以上。

用法:预防按酒量折半内服。治疗内服适量,1日3~5次,并将局部扩创、冲洗,棉花蘸药酒包裹,1日换1次。

②矮茎朱砂根、石蒜全草、甘草各10克,蔷薇根、管花马兜铃根、麻布七(高乌头)根、万年青根、华星蕨根、青牛胆、心叶瓶尔小草(全草)、苦爹菜全草、野慈姑(全草)、乌骚风(美叶红柳)、大血藤(五味子科铁箍散)、淮木通(毛茛科)、白芷、威灵仙、漆姑草(全草)各15克,

绶草(全草)、红花、细辛各 5 克,白酒 1.5 千克。浸泡 7 ~ 15 天后弃去药渣即可。

用法:每次 100 ~ 200 克内服,酒量大者可加倍。治疗除饮药酒外,并将药渣捣敷于咬伤处。

③当归 15 克,白术、生地、川芎、桑寄生、茯苓、桂枝、白芍、白花蛇舌草各 12 克,海马、碎蛇、血竭、细辛各 10 克,天麻 3 克,共研细末。每次 1.5 克用酒送服,随饮至醉。

④雄黄、川芎、防风各 20 克,制川乌、制草乌、甘草各 6 克,红花、细辛各 15 克,五灵脂 3 克,龙须草、卜地莪、野慈姑、蛇牙草(杠板归)各 10 克,瓶尔小草 6 克,共浸泡于粮食酒内 7 天,取酒服用。

用法:每次 10 ~ 20 毫升,外用涂擦于伤口处,预防则涂抹于暴露部位。

⑤合欢、槭木、皂角、盐肤木、八角枫(均取根的皮)、蒲公英、大麦泡根、小麦泡根、蛇莓、杠板归、荨麻、北细辛、福氏星蕨(带泥搓成团)、白芷各等份,水煎去渣,加入适量雄黄、酒,和匀。每年服 1 次,每次 1 大碗。

第六节　毒蛇咬伤的症状及诊断

人被毒蛇咬伤后,由于蛇毒侵入人体,就会出现一系列的中毒反应。这种反应现象在临床上称为毒蛇咬伤的症状。不同蛇种的毒蛇所含毒素不一样,因此,被咬伤后出现的症状也不相同。症状出现的快慢、轻重,与毒蛇的种类、蛇毒的性质,毒量的多少、被咬伤的部位、伤口的深浅,以及被咬人的精神状态和对毒液的抵抗能力等,都有密切的关系。同时,由于各类蛇毒的性质不同,对机体的作用也有差别,被咬者除了有一般的共同症状之外,还有各自不同的症状和特点。我们必须根据不同的症状、特点和病人的自诉情况,加上各种检查结果,认真进行研究和综合分析,才能做出正确的诊断。

一、毒蛇咬伤与无毒蛇咬伤的区别

无论是毒蛇或无毒蛇都会咬人,但被毒蛇咬伤与被无毒蛇咬伤其结果全然不同。要确诊是不是被毒蛇咬伤,首先应鉴别是不是被昆虫所伤。在排除了被昆虫所伤的前提下,再进一步鉴别是不是蛇类咬伤? 是毒蛇咬伤还是无毒蛇咬伤? 在排除了无毒蛇咬伤的可能性之后,最后再鉴别是被哪一类、哪一种毒蛇咬伤,以及中毒程度的深浅。如何区别鉴定是否为毒蛇咬伤,可根据蛇伤后在伤处留下的牙痕、伤口情况及全身症状来作出诊断。

1. **牙痕**

(1)无毒蛇咬伤的牙痕　典型的无毒蛇牙痕是上颌部四排,下颌部两排,细小而整齐。但这种牙痕临床上很少见,这是因为上下颌所有的牙齿不可能都咬进皮肤,所以一般所见多为上颌部留下的四排牙痕或仅为数个细小成行的牙痕。

(2)毒蛇咬伤的牙痕　毒蛇咬伤局部留下有比较大而深的毒牙痕。典型的毒牙痕是两个如针戳的伤眼或伴皮肤的裂伤(图10),有时还会有被折断的毒牙残留在伤口内。在两个牙痕间有一定的距离。毒牙痕有时只见到 1 个,有

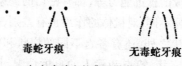

毒蛇牙痕　　　　　无毒蛇牙痕

（1）实验室的典型牙痕

毒蛇牙痕　　　　　无毒蛇牙痕

（2）临床上常见的牙痕

图 10　毒蛇和无毒蛇的牙痕

时可为几个。例如只被一边蛇口咬伤则只有 1 个毒牙痕；若除主毒牙外副毒牙也咬入或被蛇重复咬几口,则可有数个牙痕。

　　不同种类的毒蛇咬伤其牙痕也有不同特点,富有经验的蛇医根据其毒牙痕的形状,还可初步判断是何种毒蛇咬伤。毒牙痕间的距离大小,在临床上意义较大,可作为诊断参考,因为牙痕间的距离随毒蛇的种类和大小而不同,如尖吻蝮大头也大,牙痕间距也宽;而蝰蛇因蛇小,故牙痕间距也小。即使在同一种类的毒蛇中其牙痕间距也是随蛇的大小而异的,蛇大牙距宽,蛇小牙距小;蛇大放毒量多,中毒程度也就较之一般咬伤要重。因此辨牙痕时也要考虑这些情况。

　　2. 症状

　　（1）无毒蛇咬伤　　无毒蛇咬伤后伤口一般不很痛,疼痛的范围也不扩展,痛感一般在 10 分钟后逐渐减轻,最后消失。局部可有红肿但不显著,不扩大肿胀范围,且全身没有头晕、眼花、复视、胸闷、血压下降等多种中毒症状。伤口可有少量出血,但很快就会止血结痂。有的无毒蛇,如赤链蛇咬伤后,局部也会有灼热疼痛、肿胀,但10多分钟后就可缓解消失,个别胆小、精神极度紧张的人被无毒蛇咬伤的当时,因为惊恐也有发生头晕、眼花甚至昏倒的,休息片刻就会复原,这与毒蛇咬伤的中毒症状显然不同,容易区别。

（2）毒蛇咬伤　毒蛇咬伤一般都有明显的局部及全身中毒症状,而且这些症状是进行性发展的。毒蛇咬伤的伤口多呈青黑色、红紫色或污黄色,有的出血,周围可有水泡、血泡,皮肉紧硬。伤部皮肤发冷,下肢咬伤而伤部周围呈现冷感,说明被咬时间约20分钟;如冷感延至小腿胫骨中段,说明被咬伤约1小时了。以此类推,则膝关节发冷约距3小时,膝关节以上至腹股沟也发冷,说明历时约4小时了。毒蛇咬伤后立即剧痛、麻刺痛或微痒感,明显肿胀并逐渐扩展蔓延,疼痛亦随之增剧或减轻,亦有暴肿、缓肿或无浮肿者,但较为少见。或初时不痛,5～10分钟后剧痛,还伴有伤口麻痹感。伤口发麻不痛,一定时间后出现头昏、眼花、疲倦、胸闷,甚至昏迷、广泛出血、休克、呼吸衰竭等全身中毒性反应,症状逐渐加重,甚至肢体麻木或瘫痪。

二、怎样判定是何种毒蛇咬伤

肯定了是毒蛇咬伤以后,进一步还要断定是哪一种毒蛇咬的。这是比较困难的,又是十分必要的。如果病人或其同伴能准确说出是哪一种毒蛇,或者将蛇打死带来当然最好,如果病人不能说清是哪一种蛇,那就应根据各种毒蛇分布地区、生活习性和毒蛇咬伤中毒的不同表现来判断了。

1. 毒蛇的分布地区和生活习性　平原地区首先考虑蝮蛇,丘陵地区多考虑眼镜蛇,丘陵山地水域附近多考虑银环蛇、金环蛇,开阔的田野要考虑蝰蛇,丘陵林木或灌木丛处多考虑烙铁头、竹叶青,山区或丘陵林木阴湿处或山谷溪涧多考虑尖吻蝮,山区林木、水边、岩缝多考虑眼镜王蛇,海边则多考虑海蛇。根据各种毒蛇的活动规律,遭咬的时间亦有参考价值。清晨或黄昏被咬,多考虑蝮蛇,夜间被咬则多考虑银环蛇,白天多考虑眼镜蛇,渔民在捕鱼作业时常常容易被夹杂在鱼群中的海蛇咬伤。

2. 毒蛇咬伤中毒的不同表现　10 种主要毒蛇咬伤后的症状如下:

(1)海蛇　蛇毒是神经毒。伤口不红、不肿、不痛、不痒,但有麻木感。咬伤 3 ~ 5 小时后,出现全身中毒症状:眼睑下垂,视力模糊,吞咽与语言发生困难,全身筋骨疼痛。接着出现全身松弛性瘫痪,呼吸麻痹,尿呈深褐色,可出现急性肾功能衰竭。但病人神志一直清醒。

(2)金环蛇　蛇毒是神经毒。中毒症状与银环蛇基本相似,但发病的潜伏期较长些,病程发展亦较缓慢而长。局部有轻微疼痛,伤口周围皮肤稍有红肿,伤口附近淋巴结肿大。全身不适、胸闷、肌肉、关节呈阵发性疼痛,咽喉不适,牙关紧闭,全身肌肉瘫痪等。

(3)银环蛇　蛇毒是神经毒。伤口常常不痛,或者仅有蚊咬一样,局部麻木而不肿。一般在咬伤后 1 ~ 4 小时有头晕、眼花、肌肉关节酸痛、四肢乏力、舌活动不灵。多数病人病势迅速恶化,出现流涎、牙关紧闭、张口困难、全身瘫痪、嗜睡。严重者还会发生呼吸麻痹,出现呼吸微弱或停止。

(4)眼镜蛇　蛇毒是混合毒,但以神经毒为主。咬伤的肢体肿胀得很厉害,伤口中心麻木而四周却感觉过敏,伤口流血比较少。两个毒牙牙痕很快就闭塞,或为两点红或两点黑色斑点。伤口四周常常出现血水泡,容易腐烂,变成烂疮。被咬后,一般在 1～2 小时产生心悸、胸闷、吞咽困难、四肢无力、全身筋骨疼痛、嗜睡懒言、瞳孔缩小、恶心呕吐、腹痛、腹泻等症状,甚至发生心跳快慢不规则,呼吸困难,口吐白沫。

(5)眼镜王蛇　蛇毒是混合毒,但以神经毒为主。伤口变黑,局部有红肿、疼痛、麻木。但血水泡及组织坏死较少见。全身中毒症状基本上与眼镜蛇相同,但发病特别急,而且更为严重。重者可以在伤后半小时内死亡。

(6)蝮蛇　蛇毒是混合毒,但以血循毒为主,亦有相当量的神经毒。伤口疼痛,周围皮下淤血。逐渐出现水肿,并向整个患肢蔓延,甚至肿到同侧的胸腹部。咬伤初期常有头晕、目糊、复视、眼睑下垂等特征。中毒较严重的,有嗜睡懒言,项颈强直,张口困难,胸闷,全身肌肉酸痛,气促,心跳加快,尿少或无尿、尿色可出现酱油色。严重病人可出现呼吸麻痹或急性肾功能衰竭。

(7)烙铁头　蛇毒是血循毒。其毒性作用与竹叶青蛇毒近似,但较强。伤部常可见两个牙痕,并有渗血。伤口火烫样的烧灼痛。局部肿胀,有时出现血水泡和淤斑,常有伤口附近淋巴结肿痛。有头晕、目糊、嗜睡。严重者可见五官出血、吐血、便血。更有甚者血压下降,四肢冰凉,休克直至昏迷。

（8）蝰蛇　蛇毒是血循毒。伤口剧烈烧灼样疼痛,出血较多,肿胀扩展迅速,伤口周围有大量血水泡、淤斑、组织坏死或溃疡。发病急,症状严重,病程较长,周身皮下及内脏、五官出血严重,早期血尿,病人常因失血或失水过多而感烦渴,严重者可出现溶血、贫血及黄疸,急性肾功能衰竭。

（9）尖吻蝮　蛇毒是血循毒。其毒性强度虽不太强,但排毒量大,故咬人致伤严重。伤口通常可以看到比较大的牙痕,两个牙痕之间的距离常在 1.5～3 厘米或更宽一些,伤口流血不止。全身皮肤黏膜出现淤斑,俗称"蕲蛇斑"。中毒严重的,伤肢很快发生坏死,血尿、便血、咯血,甚至眼、鼻也出血不止,血压下降,出现休克,如抢救不及时,可因急性循环衰竭而死亡。

（10）竹叶青　蛇毒是血循毒,还有少量神经毒。伤口烧灼样痛,可见血水泡,局部迅速肿胀。有时头晕、眼花、恶心,但全身中毒表现较轻。少数病人有黏膜出血,疼痛厉害者可致休克。如果咬伤头部、颈部,也会因肿胀严重而威胁生命。

以上 10 种毒蛇咬伤的主要症状见表6。

表6　10种毒蛇咬伤症状表

蛇伤种类	局部症状	全身症状
海蛇	伤口不红、不痛,但有麻木感	于咬伤后3~5小时才出现全身中毒症状:眼睑下垂、目糊、吞咽和语言均困难、全身肌肉呈松弛性瘫痪,尿呈深褐色
金环蛇	不痛或有轻微疼痛,伤口周围略红肿	基本与银环蛇咬伤相同,惟发展缓慢,病程较持久,全身肌肉呈阵发性疼痛
银环蛇	伤口不红、不肿、不痛,仅有轻微麻木感	一般在1~4小时才出现全身症状,一旦出现就很严重。头晕、肌肉关节酸痛,甚至瘫痪、窒息
眼镜蛇	红肿严重,伤口中心麻木而四周皮肤过敏。常有血水泡出现,甚至组织腐烂	胸闷、心悸、恶心、呕吐、腹痛、腹泻等最为明显
眼镜王蛇	同眼镜蛇咬伤,但血水泡及组织坏死较少见	基本同眼镜蛇咬伤,但发病特急,且严重。重者可以在伤后半小时内发病,甚至死亡
蝰蛇	伤口剧烈灼痛,出血较多,肿胀迅速,伤口附近有大量血水泡、淤斑,组织坏死或溃疡	病势迅猛,病程持久,皮下及内脏、五官出血严重,早期血尿。严重者可出现溶血、贫血及黄疸
尖吻蝮	伤口出血不止,肿胀严重,并有紫黑色淤斑出现,甚至局部组织迅速坏死	常有鼻出血、牙龈出血、血尿、便血等全身出血现象
蝮蛇	肿痛与其他毒蛇咬伤差不多。儿童被咬伤,大多出现皮下出血呈乌青块	早期目糊,眼睑下垂,出现复视;重者胸闷、气促、心跳加快、酱油色尿等

续表

蛇伤种类	局部症状	全身症状
烙铁头	伤口火烫样灼痛,有时有血泡,淤斑出现	头晕、目糊,意识朦胧,重者有五官及内脏出血
竹叶青	伤口灼痛,肿胀明显,局部早期出现血水泡	有时头晕、眼花、恶心,但都比其他毒蛇咬伤中毒症状轻

三、毒蛇咬伤中毒程度轻重的估计

当毒蛇咬伤的诊断成立后,为了使病人得到合理的治疗,以期达到预期的治疗效果,就要对每个蛇伤患者的伤情有一个正确的估计。人被咬伤后的中毒程度,主要取决于注入人体的蛇毒量多少,同时也和咬人的毒蛇种类、被咬伤者的个体差异有关。毒蛇咬伤人后,也不一定立刻会引起伤者全身中毒,因为还有一个被吸收的过程。而当蛇毒从咬伤部位被吸收分布至全身后,便会出现中毒症状。一般情况,吸收快则发病快,吸收慢则发病慢。所以只要抓住这个特点,趁大部分蛇毒还没有被吸收之前,尽量使患者减少伤肢活动,以减少淋巴液的回流速度,减慢对蛇毒的吸收。另一方面尽快将停滞在局部的蛇毒排除体外,或者用物理、化学等方法去破坏蛇毒,这样,就可以大大减少中毒致死的危险性。因此,在分析被毒蛇咬伤的患者的中毒程度轻重时,应从以下三个方面来考虑:

1. **中毒程度与注入人体的蛇毒量多少有关**　一般来

说,排毒量大的毒蛇,其注毒量也较多,在临床上所造成的危险性和中毒症状,往往是比排毒量少的毒蛇咬伤的情况严重得多。如大蛇咬伤可能比同种小蛇咬伤的情况严重得多。凡是排毒量大与毒性强度大的毒蛇,它们咬人致伤或致死的危险性则大。以眼镜王蛇咬伤为例,在各类毒蛇中排毒量最大是眼镜王蛇,加上它的毒性也强,据统计它一次平均排毒量 101.9 毫克。而这种蛇毒平均一个人的致死量为 12 毫克,从而可以知道它的一次平均排毒量比一个人的致死量要高 9 倍以上,所以被眼镜王蛇咬伤患者的死亡率也是较高的。同样,凡是排毒量少和毒性强度小的毒蛇咬人致死的危险性就比较小。以竹叶青蛇咬伤为例,它排毒量很少,对人类致死剂量为 100 毫克左右。在临床上因竹叶青蛇咬伤致死的患者是极少见的,只是局部症状甚为明显而已。这样看来,是否又可以认为凡是被眼镜王蛇咬伤的患者一定会死亡,而被竹叶青咬伤的患者就一定没有危险呢? 对这个问题,应从各种毒蛇咬伤中毒的具体情况作具体分析。就拿眼镜王蛇来说,虽然它的毒性很强,而且排毒量又大,但实际产生作用的大小,在于它咬人时注入人体的蛇毒量多少为依据。如被咬时,仅是被毒牙刮伤一下,由于被咬时间短暂而不深,注入人体的毒液很少,这样被咬伤的患者就不一定会引起严重中毒或死亡。其次与毒蛇咬人前进食情况等因素有关,如毒蛇在咬人前已从毒腺中分泌出大量毒液,这样被它咬伤的患者,也不一定会引起严重中毒或死亡的。至于被竹叶青咬伤有没有死亡的危险,要作具体的分析,如果被它咬伤到头部、颈部等处,由于局部肿胀极为明显,压迫到气管,则可引起呼吸困难或窒息,那就可能造成死亡的危险。

2. **中毒程度与毒蛇的种类有关**　毒蛇的种类不同,所引起的中毒表现和程度也不相同。以银环蛇与眼镜蛇为例作比较,1克银环蛇毒可以毒死近30万只小白鼠,1克眼镜蛇毒可以毒死7万只小白鼠。这可以说明银环蛇毒性要比眼镜蛇毒性大得多。眼镜蛇毒的毒性作用虽然弱于银环蛇,但其排毒量较大,而银环蛇的排毒量虽小,但其毒性作用强,两者咬人致伤或致死的危险性同样存在。按眼镜蛇毒对人类的致死量为15毫克计算,它一次平均排毒量为79.7毫克,这个毒量就足以毒死5~6个人。同样,按银环蛇毒对人的致死量为1毫克计算,它一次平均排毒量为4.6毫克,就足以毒死4~5个人。所以无论是何种毒蛇咬伤均应予以足够的重视,不能麻痹大意。

3. **中毒程度与被咬者的个体差异有关**　如年老、体弱、小儿、原有肝肾疾病者,被毒蛇咬伤后,一般中毒较为严重。妊娠妇女或月经期妇女被咬伤者,也较为严重,妊娠妇女被咬伤,往往发生早产或流产,使子宫流血不止,从而发生休克或急性肾功能衰竭等危险情况。同时,如头、颈、胸部或血管丰富部位被咬伤;被较大的毒蛇咬伤;被咬时,毒蛇紧咬不放;被咬后,对被咬者处理不当或处理较晚;被咬者精神过度紧张,跑动较多等,这几种情况一般中毒程度较严重。

地区环境不同,虽被同一类毒蛇咬伤,其中毒的严重程度也可能有所不同。如竹叶青咬伤中毒,在广西、广东、福建等省(区)较少引起死亡,而在云南省则可见到被竹叶青咬伤致死的患者。又如在我国某沿海地区,据有的渔民反映,他们在海上捕鱼时,常碰到被海蛇咬伤,但发病率较低,中毒程度也较轻微。但是把海蛇换了一个地方,如在海岸上或海产仓库、渔船仓库关养,只需经过 1～2 天,再被它咬到时,其中毒程度却极其严重,常有被咬伤而致死者。所以对一个蛇伤中毒病人轻重程度的估计,必须要从各方面加以考虑,这样才能制定出合理的治疗措施,提高疗效。

第七节 毒蛇咬伤的急救

毒蛇咬伤的急救,是指咬伤后,在短时间内采取的紧急措施。毒蛇咬伤后,注入机体的蛇毒扩散非常迅速。实验表明,蛇毒注入动物体内,3 分钟被吸收的蛇毒即可达到一个致死量。因此,急救处理的目的,就是要尽快采取措施以阻止蛇毒在人体内的扩散,排除蛇毒和破坏蛇毒。蛇伤后,首先要做到精神上沉着镇定。如果精神过度紧张,有时导致精神性虚脱而昏厥,呼喊奔跑使血液循环加快,会使蛇毒扩散得更快。因此,被毒蛇咬伤后,应当按以下步骤进行自救或互救。

一、结扎法

被毒蛇咬伤以后,要立即用柔软的绳或带,在被咬的上方进行局部结扎,以减慢淋巴液和血液回流,暂时阻止机体对蛇毒的吸收。结扎用的物品最好是橡皮止血带和止血绷带。在野外一时找不到现成的止血带,可以利用各种可供结扎用的物件,如裤带、鞋带、树皮、葛藤或草蔓等。结扎的位置则视咬伤的部位和局部肿胀的程度而定。如:手指、脚趾咬伤,可在指根部结扎(图 11 左);咬伤手背或手腕关节以下则在前臂部结扎(图 11 右);足部及踝关节以下被咬伤,可在小腿或膝关节上方结扎(图 12)。

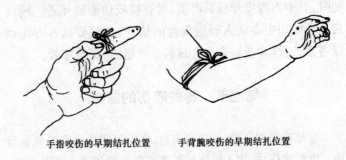

手指咬伤的早期结扎位置　　　手背腕咬伤的早期结扎位置

图 11　手被咬伤后的结扎位置

足与小腿被咬伤早期结扎位置　　　脚趾被咬伤早期结扎位置

图 12　足部咬伤后的结扎位置

　　结扎必须尽早尽快,若被咬时间超过半小时,结扎部位则以超过被咬部位一个关节处为妥。如被咬时间超过 2～3 小时,则结扎无效。

　　结扎的松紧度,一般以能阻止淋巴液和静脉血的回流即可。因为蛇毒主要是通过淋巴液吸收进入血循环而扩散的,因此,结扎只要暂时中断淋巴液、静脉血回流,就可达到阻止或减慢蛇毒吸收扩散的目的。如果结扎太紧,咬伤部位因蛇毒吸收后,局部高度肿胀,使结扎变得更紧,致使结扎以下的患肢淤血,组织坏死。因此,要特别注意每隔 20 分钟左右松解1～2 分钟,以避免造成截肢的严重后果。

　　结扎一般在得到局部有效的扩创排毒、敷药和服用有效蛇药半小时后,可以松开。但最好是到医院进行较彻底的局部排毒后,或经对蛇伤处理有经验的医生进行局部处理后再解除结扎。

　　在有条件的地方,于结扎的同时,可用冰块敷在伤口患肢的上部,使血管和淋巴管收缩,可更进一步减慢对蛇毒的吸收,以争取时间进一步抢救治疗。冰敷法可与结扎法同时进行,也可以在切开伤口排毒处理以后,解除结扎时使用。

二、冲洗伤口

　　毒蛇咬伤后会有毒液流溢在伤口皮肤上,冲洗时可以将伤口周围和皮肤上黏附的毒液洗去,减少对毒液的吸收。冲洗最好用生理盐水、双氧水或 1% 高锰酸钾溶液、肥皂水等。如在野外,可视条件用冷茶、冷开水或在溪流中漂洗(图 13、图 14),用冷开水加食盐冲洗效果较好,若条件不允许,可用自己解的新鲜小便冲洗。迅速冲洗伤口后,立即作排毒处理。

图13　边冲洗边挤毒液　　图14　边清洗边挤毒液

三、刀刺排毒

　　冲洗伤口后,最好能用75%乙醇将伤口周围进行消毒,再用清洁的痧刀、三棱针或其他干净的利器(图15)将伤口挑开,不要太深,以划破两个毒牙痕间的皮肤为原则,并在伤口周围砭刺数孔,刀口如米粒大小,深度直达皮下。挑破皮肤的手术方法如图16。

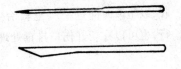

图15　刀刺排毒的器械
上:三棱针　下:痧刀

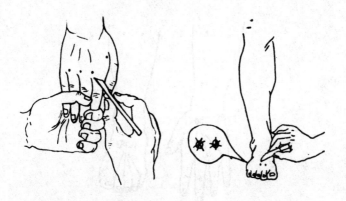

图 16　挑破皮肤的方法　　图 17　冲洗后用小刀切破伤口

这样,就可以防止伤口闭塞,使毒液外流。在有条件的情况下,可用1%普鲁卡因进行局部麻醉,按无菌操作沿伤口牙痕,用小刀将伤口作"＊"字形或纵形切开(图17)。切口长约1厘米,深度可达皮下组织。如局部有水泡,可在其周围作若干个小"＋"字切口,以利毒液排出。除挑破伤口外,如上肢咬伤可在"八邪"穴、下肢咬伤可在"八风"穴(图18)和局部肿胀的地方,用痧刀挑破浅表皮肤排毒。

在将伤口切开时必须注意避开血管和神经,同时不能切得太深,以免把血管和神经切断,造成伤口流血不止,或使蛇毒迅速扩散,或使患肢神经功能发生障碍等危险。

在进行刀刺或切开排毒后要马上把受伤的肢体浸入2%的冷盐开水或冷茶中,或山涧泉水中,有条件则用1%高锰酸钾溶液、双氧水等反复冲洗伤口,并用手由伤肢上部从上而下向伤口不断挤压15～20分钟,以求最大限度地将注入伤口

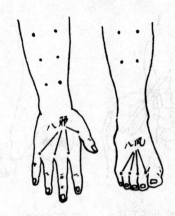

图 18　"八邪"穴、"八风"穴及肿胀处

内的毒液排洗干净。被尖吻蝮、蝰蛇等血循类毒蛇咬伤,一般不作刀刺排毒,以防出血不止,而应采取其他方法以破坏蛇毒。

四、吸吮法

这种方法简单,效果好,是野外发生意外蛇伤的应急措施。

民间有用口直接在伤口进行吸吮排毒者,此法能有效地将蛇毒液吸出,但一定要边吸吮边吐出,并且每次都要用清水

图 19　用口吸毒法

漱口,以防止中毒(图19)。使用吸吮法的人,口腔一定要没有任何溃破或龋齿,患有咽喉炎、慢性扁桃腺炎者也不能采用此法。如将毒液吸入口中,难免有通过病变之处吸收而发生中毒的危险。

如果伤口里毒液不能畅通外流,伤口又处在较大的部位时,可用吸奶器、拔火罐等方法吸吮排毒(图20)。

如果伤口处在较小部位时,还可用带有锌盖和胶塞的青霉素或链霉素玻璃瓶将底部磨穿磨平滑,盖住伤口,再用注射器抽出瓶内的空气,使其变为负压而吸毒。可反复抽7~8次,借以把大部分蛇毒吸出(图21)。

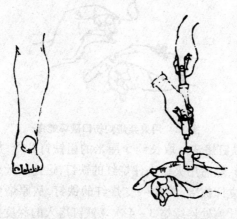

图20　拔火罐吸毒法　　　图21　用青霉素瓶吸毒法

五、火灼法

此法是利用高温来破坏蛇毒的方法。取材方便,简单易行,早期应用效果较好。只是烧灼时,病人比较疼痛,伤口也可能有些烧伤,但是这对破坏蛇毒,保证生命安全都有作用,并且灼伤的部位日后是可以治好的。

1. **火柴爆烧法**　被毒蛇咬伤后,先把伤口冲洗切开,立即取火柴头 5～10 个,堆放于伤口上,再把火柴头点燃让其爆烧,反复火灼 3～5 次(图 22),即可破坏蛇毒。爆烧后局部留下烧伤焦痂,周围有小水泡发生,应按外科处理换药,直至痂皮脱落,伤口愈合。此法适应金环蛇、银环蛇、蝮蛇、眼镜蛇、竹叶青等牙痕较浅的蛇伤。

图 22　用火柴烧灼伤口破坏蛇毒

2. **铁钉烙法**　取长约 5 厘米的粗铁钉几个,放入火中烧至红透,然后用夹钳夹住烧红的铁钉,迅速从牙痕处垂直烙入,又立即拔除,再换一支烧红的铁钉,从原烙口再次烙入,每个牙痕处连续烙 3～4 次。铁钉烙入的深度要根据咬伤部位、牙痕深浅和局部肿胀的程度而定,一般以烙入 0.5～1 厘米为宜。烙后局部留下的烙痕亦按外科处理换药,直至伤口愈合。这种方法虽可直接深入组织内破坏蛇毒,但也常造成较大的组织损伤,仅在尖吻蝮咬伤时用。用此法时要特别注意避免烙伤血管、神经及肌腱等。头、颈、胸、腹部咬伤不用此法。

六、急救服药

在进行以上急救处理的同时,要尽可能想办法服用蛇药。一时找不到现成蛇药时,可就地采用新鲜草药,及早内服。以起到抑制蛇毒内攻脏腑的作用。

①用新鲜半边莲(全草)120～250克,洗净加冷开水50毫升,共捣烂取汁内服,每日3～4次,连续服用数日,并以药渣外敷伤口周围。有解毒和利尿排毒的作用。

②用烟油3～6克,冲水1碗频频内饮,有防止蛇毒攻心的作用,伤口周围也可涂抹烟油。

③用优质白醋1小碗(约100毫升)内服,可防止蛇毒游走扩散。如果再用五灵脂15克、雄黄8克、白酒60克内服,并以雄黄外敷伤口周围,可使伤口排毒,并有消肿止痛的作用。

④用新鲜的乌桕嫩芽50克左右,加冷开水捣烂取汁内服,有防止蛇毒攻心的作用,药渣外敷伤口周围。

第八节　毒蛇咬伤的治疗

对毒蛇咬伤病人的治疗,一般是在急救处理之后采取的。这是设法挽救病人生命而采取各种措施的重要时刻,也是病情复杂、变化迅速的阶段。治疗通常分为局部治疗与全身治疗。

一、局部治疗

大多数毒蛇咬伤的急救处理是在野外进行的,因受条件的限制,往往消毒不彻底,而且蛇毒内又带有多种细菌,极易招致局部感染,加上蛇毒对局部组织的损害,可导致一系列局部中毒症状,如患部肿胀、疼痛、伤口出血、水泡、血泡、淤斑、组织坏死、溃烂等。这些表现在血循毒(如尖吻蝮)和混合毒(如眼镜蛇)类毒蛇咬伤后尤为突出。此外,伤口的细菌感染,往往使局部症状加重。

1. **早期**　治疗重点是排毒、消肿、止痛。如果伤者已自行进行过初步的排毒处理,则必须视情况作进一步排毒手术;如果病人未作急救措施,在局部用药或治疗之前,先检查伤口决定采取何种方法排除蛇毒。如检查伤口还未予扩开,局部肿硬,或肿胀继续向上发展,应按刀刺排毒的方法,在无菌操作下扩创排毒。先用 0.5% 普鲁卡因溶液于伤口周围浸润麻醉,以伤口为中心,将伤口纵向或十字形切开 1～2 厘米,深至皮下(注意避开大血管、神经),然后用手自近心端至远心端,自外而内挤压排毒,或用拔火罐、吸毒器吸出毒血。如毒蛇咬伤部位处在四肢,而肢体肿胀较严重者,可用针刺"八邪"穴或"八风"穴的方法排除蛇毒。经皮肤消毒后,用圆利针(粗注射针头亦可),避开血管刺入各穴(咬伤上肢取"八邪"穴,咬伤下肢取"八风"穴)。针刺入皮肤后,再将针尖朝向近心端沿皮下平刺约 2 厘米(足部八风穴可刺入 3～4 厘米),并摇大针,扎后迅速出针,再将患肢下垂,用手由上而下轻缓地挤压按摩,使毒水由针孔向外流。必要时亦可在以上穴位局部麻醉后作约0.5厘米长的减压小切口，以利引流毒水，消肿。尖吻蝮咬伤，不作此法处理，以免针孔及伤口流血不止。

（1）早期应用封闭治疗有抑制蛇毒扩散、消肿止痛和抗炎抗过敏的作用　一般可用0.25%~0.5%普鲁卡因溶液20~40毫升，加入地塞米松5毫克，或氢化可的松琥珀酸钠50~100毫克，在伤口周围皮下注射，并在肿胀上方约5厘米处作皮下环形浸润注射一圈；或于患肢（上臂或大腿）上1/3处作骨膜外肌膜腔封闭（套封）。

（2）骨膜外封闭法　在患肢（咬伤手者取该侧上臂，咬伤脚则取该侧大腿）的上1/3处，选前后左右几个穿刺点。碘酒、乙醇常规消毒后，注射器抽以上普鲁卡因药液，先作穿刺点的皮丘，然后将针垂直刺入，直达骨膜，再稍退出针头，检查无回血后，一边退针，一边将药液缓慢注入。以同法注射其余各点。每处注射药液10~20毫升（一般上肢封闭用量为40~60毫升，下肢80~120毫升）。根据病情需要，可在第二、第三天重复以上封闭治疗，每天1次。这对抑制蛇毒的扩散，减少疼痛，消炎退肿，减少过敏反应有良好的效果。还可应用胰蛋白酶局部注射，剂量视部位及伤情而定，一般1~2次即可，能迅速破坏蛇毒，控制症状发展，且有较好的抗组织坏死作用。

对于局部肿胀、灼热、疼痛患者，可选用数种草药，洗净捣烂，做成药饼，加雄黄粉少许撒在药面，外敷于伤口周围。每天换药1~2次，对消肿止痛有很好的作用。敷药宜厚敷并要超过肿胀部位。伤口不要敷药，可用药液纱布敷盖。

没有草药时,也可用蛇药片研末,开水调成糊状外涂肿胀处。或用成药三黄散(大黄、黄芩、黄柏),如意金黄散(大黄、黄柏、姜黄、白芷、天南星、陈皮、苍术、厚朴、天花粉、甘草)等冷开水调成糊状外敷。

(3)常用外敷的新鲜草药　有一点白、半边莲、犁头草、辣蓼草、匍匐堇、九头狮子草、野菊花、马兰、积雪草、盐麸木根皮、鬼针草、满天星、蛇总管皮、南五味子叶、七叶一枝花、八角莲、鹅不食草、一枝黄花、牛皮消、青木香等,择其两三种洗净后加食盐少许捣烂,外敷伤口周围。

此外,被血循毒与混合毒类毒蛇咬伤,伤口周围及患肢会发生水泡、血泡。小的水泡、血泡可不必处理;大的水泡、血泡须在局部消毒后,用注射器吸出泡内的渗液,外用消毒敷料覆盖、保护,也可用虎杖、灯笼草、明矾煎浓汁,兑雄黄末少许,以纱布蘸药液湿敷。

2. **中期**　治疗的重点是祛腐拔毒,治疗感染。血循毒与混合毒类毒蛇咬伤局部处理不当时,易发生组织坏死和溃烂。蛇伤性溃疡,尤其是尖吻蝮咬伤所致者,为进行性的大面积坏死,常常深达筋骨,较难愈合,故必须及早注意预防。一旦发生溃烂要认真进行处理。

一般伤口用生理盐水或用中草药,如虎杖、苦木、鸡矢藤、木防己、杠板归、九里光、明矾等任选2~3种,煎水清洗干净。或用双氧水、1/3000高锰酸钾溶液、1%呋喃西林溶液、盐水等清洗,外用0.1%胰蛋白酶溶液湿敷,或按一般外科常规换药。

眼镜蛇、尖吻蝮咬伤的病人,可有局部深层组织溶解坏死现象。检查伤口周围皮肤淤暗,有波动感,可予切开引流,让稀薄的暗褐色液体流出,填入0.1%胰蛋白酶溶液纱条或5%盐水纱条或凡士林纱条引流,每日换药。尖吻蝮咬伤者,切开引流要特别慎重,以防伤口出血不止。

若伤部已出现大面积坏死或溃烂,除每日先以药液清洗伤口,清除已腐脱的坏死组织外,用银灰粉(20%)加青黛散(80%),撒于创面,外用黄连素软膏纱布敷盖,包扎固定以提脓祛腐拔毒,待坏死组织脱落,出现肉芽组织时改用生肌收口药换药。

有时可遇到少数蛇伤溃疡,由于治疗不利,伤口腐暗发黑生蛆,脓水浸淫,奇臭难闻。对于这种情况,可选用药液浸洗伤口后,在创面撒上薄薄一层红升丹(中成药),外用凡士林纱布覆盖,包扎固定。这样换药2~3次,则蛆全部杀死,腐臭渐净,再改用银灰粉加青黛散换药。

3. **后期**　治疗重点是生肌敛口,恢复功能。蛇伤溃疡,经祛腐拔毒治疗后,伤口脓腐已净、肉芽生长者,宜改用生肌药治疗。伤口按常规清洁消毒后,创面撒上九华粉,外加九华膏换药,直至伤口愈合。或用中药"去腐生肌散"每日敷换。去腐生肌散:黄升丹0.6克、冰片1克、轻粉1克、水粉1.6克、青黛1克、炉甘石1.6克、石膏3克、鸡内金2.5克,共研细末。

若创面过大,肉芽生长良好,无分泌物时,可考虑植皮,以早日消灭创面。

蛇伤治愈后,有的病人可能出现患肢麻木,关节不利,筋骨疼痛,功能障碍等。可用鸡矢藤、木防己、青木香、络石藤、伸筋草、归尾、红花、摇竹消等煎水熏洗或温浴患肢,鼓励病人及早锻炼肢体功能,有条件时可配合理疗等,以促进病人康复。

二、全身治疗

1. **中医辨证论治**　根据中医理论和毒蛇咬伤中毒的临床表现,采用中医辨证分型论治方法,治疗毒蛇咬伤,效果较好,现将具体分型及施治方法分列如下:

(1)火毒型　见于尖吻蝮蛇、烙铁头、竹叶青咬伤。

主证:伤口剧痛(或灼痛),肢体肿胀严重,蔓延迅速,局部出现水泡、血泡、淤点、淤斑。

全身出现中毒症状:畏寒发热、烦燥不安、头痛胸闷、大便秘结。重者鼻衄、呕血、吐血、尿血、便血,民间称"七窍流血"。舌质红、苔黄、脉弦数。治以清热泻火,凉血解毒。

方药:银花12克、黄芩12克、黄柏12克、半边莲30克、黄连15克、大黄20克、丹皮12克、生地12克、麦冬12克、栀子12克,若火毒炽盛,出血不止者加犀角。

(2)风毒型　均为银环蛇咬伤。

主证:伤口不痛、不红、不肿为主要特点。多因早期无明显自觉症状而忽视诊治,就诊时则已出现头昏眼花,眼睑下垂,视物模糊,复视,张口吞咽困难,言语不清,口角流涎,或伴腹痛,双腿腓肠肌麻木,四肢瘫软,全身无力,甚至神志不清,呼吸困难,抽搐,昏迷,苔薄白,质淡红,脉浮弦。治以祛风止痉,疏风解毒。

方药:青木香15克、徐长卿12克、防风12克、白芷12

克、僵蚕 12 克、仙茅 12 克、半边莲 30 克、贝母 10 克、蝉衣 12 克、野菊花 12 克。若风毒肆扰,出现动风之重症(如抽搐频繁)加蜈蚣、全蝎等虫类。

(3)风火毒型 见于蝮蛇、眼镜蛇咬伤。

主证:伤口疼痛,局部肿胀严重,出现水泡、淤点、淤斑,甚至出现全身及黏膜皮下出血。全身症状以恶心、呕吐、复视、视物模糊、周身僵痛、神志朦胧、心悸心慌为主。治以清热泻火,祛风解毒。

方药:丹皮 12 克、银花 10 克、黄芩 12 克、半边莲 30 克、黄柏 12 克、黄连 15 克,青木香 12 克、大黄 20 克、龙胆草 20 克、徐长卿 15 克、蝉衣 10 克、贝母 10 克。若火毒偏盛加栀子、知母。风毒偏盛加全蝎、蜈蚣。

(4)火毒夹湿型 见于尖吻蝮、竹叶青咬伤。

主证:局部肿胀严重,血泡、水泡较多。伤口易溃烂,范围广,蔓延迅速。全身症状:头晕体倦,胸脘痞闷,关节酸痛,腹部胀满,小便短赤。舌质红、苔黄或秽浊,脉滑数。治以化浊除湿,清热解毒。

主方:茵陈 20 克、木通 12 克、滑石 20 克、贝母 8 克、黄连 10 克、黄芩 12 克、白芷 12 克、荆芥 12 克、半边莲 30 克、地丁 15 克、蒲公英 12 克。若胸腹痞胀加藿香、杏仁。

(5)阴虚毒盛型 见于尖吻蝮咬伤后。

主证:头晕胀痛、持续低热、五心烦热、口燥唇干、心悸而烦、手足躁动,舌红,苔燥津少,脉细数。治以滋阴泻火,清热解毒。

方药:天花粉 15 克、麦冬 15 克、黄芩 12 克、黄柏 12

克、白芷 12 克、连翘 12 克、玄参 10 克。

（6）蛇毒内陷型　见于尖吻蝮、眼镜蛇、银环蛇咬伤治疗不当或中毒严重者。

①蛇毒内陷火毒型闭证：出现神昏谵语，狂躁不安。

②风毒型闭证：出现神昏嗜睡、惊厥抽搐。

③蛇毒内陷脱证：出现皮肤紫黑，面色苍白，四肢厥冷，口唇青紫，神志模糊，舌紫绛，脉微欲绝。

治法：火毒内闭者，凉开发，用安宫牛黄丸。风毒内闭者，用苏合香丸。正气耗散脱症者，生脉散加减。心阳衰微脱症，参附汤加减。

2. **抗蛇毒血清治疗**　抗蛇毒血清是专供治疗毒蛇咬伤的特异性药物。它具有中和蛇毒的作用。良好的制品，每毫升能中和数百个甚至 1000 个以上的半数致死量（LD_{50}）的蛇毒，相当于每毫升抗血清可中和数毫克至 10 毫克以上的干蛇毒。由于属于同一科、属蛇的蛇毒，往往具有相同的抗原成分，所以用一种蛇毒制成的抗蛇毒血清，对同一科属的其他毒蛇也有一定的中和作用。一般来说，某种抗蛇毒血清，对用于制备本种抗血清的抗原（蛇毒）中和的特异性最强，对属于同一科属的其他蛇毒次之，而对不同科蛇毒的特异性很差，甚至没有。对只用一种毒蛇的蛇毒使马等动物进行免疫成功后制成的血清，叫做单价抗蛇毒血清；为了能使一种抗蛇毒血清更有效地中和同一科、属和不同科、属的其他蛇毒，就发展为选择同一科、属或不同科、属的几种蛇毒，按适当的比例配制成混合抗原给动物免疫，制成多价抗蛇毒血清。多价的和单价的抗蛇毒血清相比，多价的优点是中和蛇毒的种类广。当有人被毒蛇咬伤后，可在未确定是被那种毒蛇咬伤的情况下及早应用。但其疗效却不及单价的好。而单价抗蛇毒血清对同源蛇毒的中和效价比多价抗蛇毒血清要强得多，但其适应范围却仅限于某一种蛇咬伤。临床中如能确诊为何种蛇伤时，应使用单价的同种抗蛇毒血清治疗。若蛇种不明则以使用多价抗蛇毒血清治疗为宜。

(1)抗蛇毒血清的种类 由上海生物制品研究所生产的制品种类有：单价精制抗蝮蛇毒血清、单价精制抗五步蛇(尖吻蝮)毒血清、单价精制抗银环蛇毒血清、单价精制抗眼镜蛇毒血清，该所还与广州医学院协作，研制成功抗金环蛇毒和抗蝰蛇毒血清，经过较长时间的临床疗效研究，已通过了技术鉴定。两种抗蛇毒血清的研制成功，为蛇伤患者提供了速效、高效、特效的药物。另外，我国台湾生物制品研究所已经制成双价抗竹叶青和烙铁头毒血清、双价抗银环蛇和眼镜蛇毒血清。在国外有很多国家制成了多价抗蛇毒血清。

抗蛇毒血清的临床在现有蛇伤药物中，还没有一种药物的疗效超过它，其他药物目前还只能作为抗蛇毒血清的辅助药物。抗蛇毒血清的疗效主要取决于蛇伤患者的用药时间、用药途径及制品本身的效价和纯度。抗蛇毒血清仅供皮下、肌内和静脉注射用，以静脉注射疗效较好，经静脉注射后，中毒症状即可控制不再发展。

(2)应用抗蛇毒血清的方法 用前必须先做皮试，方法为先抽取0.1毫升抗蛇毒血清，再抽取生理盐水1.9毫升,混匀后在前臂内侧皮内注射0.1毫升,观察15~20分钟,若皮丘不超过2厘米,周围又无毛细血管扩张现象者即为阴性。然后取本品10~30毫升(用量可按各种抗蛇毒血清说明书),用生理盐水稀释至40~60毫升,静脉缓慢推注,使用1次即可。儿童剂量与成人相同。若皮试阳性或阴性可疑者,可在10%葡萄糖溶液250~500毫升内加氢化可的松100~200毫克(或地塞米松5~10毫克)和抗蛇毒血清1~2毫升,静脉缓慢滴注半小时左右,若未见反应,则将所需抗蛇毒血清加入上述输液内,继续静滴,这样可起到脱敏作用。或在10%葡萄糖液500毫升内加维生素C1克、氢化可的松200毫克静脉滴注,同时应用抗蛇毒血清10~30毫升加入生理盐水20毫升或50%葡萄糖液20毫升中,在另一侧肢体静脉缓慢推注。在临床应用中遇有极少数病例因注射抗蛇毒血清引起过敏反应,经肌内注射肾上腺素后,反应很快消失,必要时,应用氟美松磷酸钠5毫克(或氢化可的松琥珀酸钠135毫克,或氢化可的松100毫克),加入25%~50%葡萄糖液40毫升内静脉注射,亦可静脉滴注。静脉注射抗蛇毒血清切勿过速,应严格按制品使用说明书使用。遇有伤口污染者,应同时注射破伤风抗毒素1500~3000单位。

3. **对症治疗** 人被毒蛇咬伤后,往往出现错综复杂的临床症状,应根据不同表现进行对症治疗,以增加机体的抵抗力,促使治愈康复。

①极度烦躁不安或周身酸痛和局部剧烈疼痛难以忍受时,可用普鲁卡因0.5~1克(先做皮试)溶于5%~10%葡

萄糖液 500 毫升内,静脉滴注。

②蛇伤引起的组胺中毒反应,如局部肿胀、手足抽搐,可内服扑尔敏 4 毫克/次,每天 2～3 次或安其敏 25 毫克/次,每天 2～3 次,连服 2～3 天。此外,也可用 10% 葡萄糖酸钙10～20 毫升,静脉注射。

③对于病情严重的蛇伤病人、或老弱儿童蛇伤病人,如出现嗜睡、张口困难、食欲不振、尿量减少等临床表现,可用维生素 C 100 毫克,复合维生素 B,1 次 2 片,每天 3 次;或肌内注射维生素 B_1 100 毫克,每日 1 次。

若病人病情严重,进食很少、汗多、吐泻,并有脱水现象,可酌情补液。在病人体内不缺少钠盐的情况下,如需补液,以 5%(或 10%)葡萄糖液静脉滴注为主。在一般情况下不宜大量补液排毒,以免发生心力衰竭和肺、脑水肿等严重并发症。

④如蛇伤后病人出现尿少或尿闭,考虑由于蛇毒引起急性肾功能衰竭,在无血压下降的情况下,一般用 10% 葡萄糖液 500 毫升加氨茶碱 0.25 克,普鲁卡因 0.5 克,维生素 C 1 克,静脉滴注,每天 1～2 次。如用中草药,可用新鲜白菜根0.25～0.5 千克或新鲜半边莲 150 克(干品减半)煎服。若出现患者大便不通时,可用甘油、石蜡油或肥皂水灌肠(孕妇忌用)。亦可用双醋酚汀,口服 5～15 毫克/次。酚酞(果导)口服 0.1～0.2 克/次。

⑤如蛇伤引起血液分布异常,血溶量相对不足或少量出血引起血压下降,一般输入等渗葡萄糖盐水加地塞米松(或氢化可的松)静脉滴注治疗。早期休克原则上尽可能

不用或少用,必要时考虑用升血压药物,但要在矫正血溶量及酸中毒基础上使用。若病人面色潮红、四肢微湿、脉无力、血压低于80毫米汞柱以下,可应用重酒石酸间羟胺(阿拉明)20～100毫克或硫酸甲苯丁胺(恢压敏)80毫克加入5%葡萄糖液500毫升内,以每分钟20～30滴的速度静脉滴注。对全身出血反应较重或肿胀蔓延很快,甚至血压有下降现象的患者,应早期大剂量应用皮质激素,以提高肾上腺皮质功能,增加机体对蛇毒应激反应的保护作用。可用氢化可的松200～400毫克或地塞米松5～10毫克加入补液中,1次静脉滴注。以后改口服,连续应用2～3天。如能同时使用维生素C 2～3克/日静脉滴注,对于防止蛇毒破坏毛细血管壁,减少血浆渗出亦有良好作用。遇有病人表现面色苍白、血压低、脉差小、心率慢时可选用异丙基肾上腺素0.5～1毫克,加入5%葡萄糖溶液500毫克内,静脉滴注,速度随血压上升而定,初以每分钟10～15滴的速度滴注,以后再按需要调整滴速。因该药物可导致心律不齐与心动过速,倘有此情况发生,可口服对抗剂心得安20～30毫克/次。如心率超过120次/分以上,应避免使用。如经治疗1小时后,尿量无明显增多,血压恢复不理想,即另行考虑治疗措施。必要时作中心静脉压测定。

早期休克常用中分子量(平均分子量为70000～80000)右旋糖酐500毫升,快速静脉滴注,要1～2小时滴完,必要时可重复使用,以升高血管内胶体渗透压,有利于纠正早期休克;严重休克常用低分子量(平均分子量为20000～40000)右旋糖酐,一般用量为24小时内1000～

1500毫升为宜(以上均为成人量),以降低血浆黏滞度,有利于改善微循环。尖吻蝮咬伤后出现的中毒性休克,右旋糖酐用量不宜太大,以免增加出血倾向。必要时,可输入其他胶体溶液(血浆或白蛋白),如系尖吻蝮、蝰蛇咬伤,血液失凝出血不止,可考虑少量多次输血。当休克发展至严重程度时,只矫正血容量尚不能收效时,需及时应用碱性溶液以纠正酸中毒。常用5%碳酸氢钠。如有肾功能衰竭时,碳酸氢钠溶液要慎用。

⑥对毒蛇咬伤伤口细菌感染发炎或全身感染,可用肌内注射青霉素(先做皮试)等或用其他抗菌消炎药物治疗;中药用银花、连翘、蒲公英等煎服,清热解毒。蛇咬伤口如有泥土或被其他污染,可肌内注射破伤风抗毒素1500单位(先做过敏试验)。小儿预防剂量同成人。

⑦尖吻蝮咬伤有广泛皮下淤斑,血小板减少的,以潘生丁100~200毫升加入低分子右旋糖酐静脉滴注治疗,每日1次,一般连用2~4天。

4. 治疗蛇伤的中成药

(1)蛇伤解毒片(注射液)

剂型:片剂、针剂。

用法:片剂首次20片,以后每4~6小时内服7~10片,中毒症状好转后酌情减量,连服5天。针剂首次8毫升,在伤口周围及缚扎上端注射,以后每6小时1次,每次肌内注射6毫升,全身中毒症状减轻,改为口服片剂。该药对我国常见毒蛇咬伤有效。

(2)广州蛇药散

剂型:散剂、流浸膏。

用法:散剂首次量20克,以后每次10克,或用流浸膏首次量20毫升,以后每次服10毫升,每日3~6次,一般用药3~5天。如有恶心、呕吐等症状时,可给生姜少许以减轻其副作用。

该药对眼镜蛇、竹叶青、银环蛇等咬伤有效。

(3)湛江蛇药散

剂型:散剂。

用法:每次5克,每3小时1次,5~8次为1疗程,重症者加倍服用。如有恶心、呕吐、腹泻等症状时,改用水煎服或用竹茹、法半夏、陈皮各9克煎水送服,以减轻其副作用。

该药对眼镜蛇、竹叶青、银环蛇咬伤有效。

(4)南通蛇药和解毒片——季德胜蛇药

剂型:片剂。

用法:首次量20片,先将药片捣碎,用酒500毫升加等量温开水,调匀内服(不会饮酒的病人和儿童,用酒量可酌减),以后每隔6小时服10片。

该药适用于各种毒蛇咬伤及蜈蚣、蝎子等毒虫咬伤。

(5)上海蛇药

剂型:片剂、针剂。

用法:片剂首次10片,以后每4小时服5片,病情减轻可改为每6小时服5片。一般用药3~5天,对危重病人可酌情增加,并配合使用注射液。针剂分1号注射液和2号注射液,须在医生指导下使用,用法可详见说明书。

该药主治蝮蛇、竹叶青、尖吻蝮、烙铁头、眼镜蛇咬伤,也可治疗蝰蛇、银环蛇咬伤。

（6）群生蛇药

剂型:片剂、针剂。

用法:片剂首次 8 片,以后每次 4～6 片,每天 3～4 次。还可以将片剂用茶调湿敷于伤口周围肿胀处,可以减少感染和肿胀。针剂首次 4 毫升,以后每次 2 毫升,每天 4 次。重症病人可以在医生指导下酌情增加。

该药对蝮蛇咬伤有效。

（7）群用蛇药

剂型:片剂。

用法:首次 8 片,以后每次 4～6 片,每天 3～4 次,嚼碎后用温开水吞服。

该药对眼镜蛇、蝮蛇咬伤有效。

5. 治疗蛇伤的常用中草药

（1）三白草（见封 3）

【别名】百节藕、塘边藕、湖鸡腿。

【形态特征】多年生草本,高 30～70 厘米。根状茎细长、肉质、白花似藕。茎直立有节。叶互生、卵形全缘,叶脉 5 出,叶背面浅绿色。茎顶花序下的 2～3 片叶于开花时变为白色。夏季茎顶开花,总状花序。花小无花被,结蒴果。

生于水沟池塘边及近水潮湿地,采根状茎或全草入药。

【性味及功效】甘、辛、寒。清热利尿,解毒消肿。

【用法】全草 30～60 克、半边莲 60 克、青木香 20 克煎水内服,治蛇伤后小便短少,腹痛。

（2）七叶一枝花（见封 3）

【别名】蚤休、草河车、铁灯台、重楼。

【形态特征】多年生宿根草本。根茎横生粗壮、黄褐色,表面粗糙具节,节上生须根。茎单一、直立,高约50厘米,基部有数片退化的鞘状叶。叶纸质,5～8枚,轮生于茎顶,夏末叶丛茎顶抽一花梗开花一朵,黄绿色,结暗紫色浆果。

生于高山林荫湿地。夏秋采根茎入药。

【性味及功效】苦、寒,有小毒。清热解毒,消肿止痛。

【用法】七叶一枝花5克、青木香3克生嚼,冷开水送服。鲜品捣烂外敷,每日换药2次。

(3)八角莲(图23)

【别名】八角盘、独角莲、荷叶莲。

【形态特征】多年生草本。根状茎粗壮,横生,黄褐色,每年生一节,疤痕明显。茎直立,叶似荷叶,边缘3～8浅裂,裂片三角状,有锯齿。5月茎顶与叶片相接处开紫红色花5～8朵,花后结卵圆形浆果,熟时黑色,内有种子多粒。

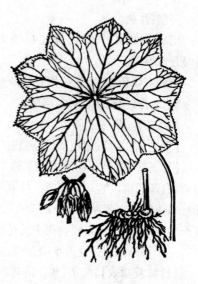

图23　八角莲

喜生于山谷林荫沃土中。夏秋采根块入药。

【性味及功效】苦、辛微温,有小毒。活血散淤,消肿解毒。

【用法】八角莲、天门冬、七叶一枝花均用鲜品各30克,共捣烂外敷,再取八角莲根10克,煎水或用烧酒磨浓汁,开水冲服。或八角莲、七叶一枝花、白芷、甘草各 15 克,煎水代茶,频频内服。治各种毒蛇咬伤。

(4)九头狮子草(图 24)

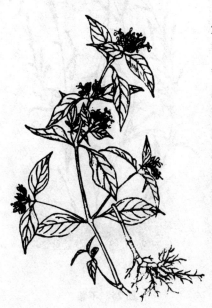

图24 九头狮子草

【别名】接骨草、六角英、川白牛膝。

【形态特征】为多年生草本。高 30 ~ 50 厘米,茎直立有四棱,节部稍膨大,茎上部有分枝。叶对生,纸质,披针状卵圆形,全缘。夏季枝顶、叶腋开紫红色唇形花,有大型叶状苞片二枚。蒴果瘦长、扁圆、褐色。野生于荒郊草丛、山林荫地、路旁或为栽培。夏秋采全草入药。味辛、凉、无毒。行气活血,解毒消肿。

【用法】新鲜九头狮子草 300 克,加冷开水捣烂,绞汁内服,渣外敷,治一般性蛇伤。另:九头狮子草 30 克、鬼针草 30 克、当归 15 克、丹皮 10 克、丹参 10 克、红花 6 克、威灵仙 10 克、甘草 6 克,水煎服,治血循毒类毒蛇咬伤,伤口发黑,遍身皮肤出现淤斑者。

（5）不蓼（图25）

【别名】麦穗草、白辣蓼。

【形态特征】一年生草本。高30～60厘米。茎平卧或斜生，基部多分枝，细弱，无毛。叶柄极短，叶互生，纸质，宽披针形或卵状披针形，长5～8厘米，宽1.5～3厘米，顶端尾状渐尖，叶两面微有短柔毛，无腺点。托叶鞘筒状，膜质，长5～8毫米，边缘生长睫毛。8、9月间开淡红色或白色小花，穗状花序，花排列稀疏，花序下部间断。瘦果黑色，三角状卵形。

图25　不蓼

喜生长于树荫潮湿地和水沟边、路旁。秋季采全草入药。

【性味及功效】味淡、性平。清热解毒，凉血止血，利尿消肿。

【用法】不蓼、竹叶草各1份，捣烂取汁内服，每次100毫升，每日3次。可治血循毒类蛇毒咬伤。

（6）半边莲（见封3）

【别名】细米草、急解索、狗牙齿。

【形态特征】多年生矮小草本。全株光滑无毛,有白色乳汁。根细、圆柱形,淡黄白色。茎细弱匍匐,节着地处生多数须根。上部直立。叶互生,线形或狭披针形,全缘或稍有锯齿。夏末,叶腋单生淡紫色或白色小花。上部向一边分裂展开。蒴果,内有细小种子。

喜潮湿环境,常成片生于田埂、溪边及池塘边。夏秋随时可采,鲜品入药效果较好。

【性味及功效】辛、微苦、平。清热解毒,利尿消肿。

【用法】新鲜半边莲200克,加冷开水捣烂,绞汁内服,每次一杯(约200克),每日1~2次。渣外敷。或:新鲜半边莲、天胡荽、连钱草各100克,共捣烂加冷开水绞汁内服,渣外敷。

图26 徐长卿

(7)徐长卿(图26)

【别名】摇竹消、寮刁竹、一枝香、竹叶细辛。

【形态特征】多年生草本。高60~100厘米。全株光滑无毛。细长须状根,土黄色,有浓香气。茎细而刚直,通常单一,有节,少分枝。单叶对生,线状披针形;叶面深绿,背面淡绿色,主脉突起,夏秋开淡黄绿色花,圆锥状聚伞花序。蓇葖果呈角状,种子多数,顶端有白色细长毛。

多生于较高的丘陵山坡荒草丛中。夏秋采根或全草入药。

【性味及功效】性温味辛。解毒消肿,通经活络、止痛。

【用法】徐长卿9克,水煎服;外敷用本品水煎取汁,将纱布浸湿外敷患处。另:徐长卿15克配生山楂250克,水煎服,每日1剂,治蝮蛇咬伤。

(8)鹅不食草(图27)

【别名】地胡椒、石胡荽、球子草。

【形态特征】一年生匍匐状草本。高5~20厘米,地下根须状、黄白色。茎细弱,基部分枝很多,叶互生、叶片小、倒卵状披针形,先端钝,基部楔形。边缘有疏锯齿,无叶柄。秋季叶腋开小黄花,头状花序,扁球形,如胡椒大小,故名地胡椒。结瘦果。

图27　鹅不食草

生于田边、路旁、庭园、墙脚等处。夏秋季采全草入药。

【性味及功效】辛、温、无毒。通窍散寒,祛风解毒,散淤消肿。

【用法】鹅不食草15克,辣蓼草15克,酢酱草30克,共捣烂外敷,治蝮蛇咬伤。另:鹅不食草焙干研细末,瓶储。遇蛇伤昏迷不醒时,用此药末少许吹入鼻腔内数次,使其连续喷嚏,即渐清醒,再给服蛇药。

(9)三叶鬼针草(图28)

图28　三叶鬼针草

【别名】鬼针草、婆婆针、一包针、盲肠草、金盏银盘。

【形态特征】一年生草本。高50～100厘米,中下部叶对生,二回羽状深裂,裂片顶端尖或渐尖,边缘具不规则细齿,两面略有微毛,具长叶柄;上部叶互生,羽状分裂。秋季开花,头状花序生于枝顶或叶腋。花中央为黄色管状花,边缘为少数舌状花,结瘦果,长条形,黄褐色,顶端具倒刺,常黏着于人的衣裤上,故又名“跟人走”。

野生于路旁、山坡、荒地。夏秋采全草入药。

【性味及功效】苦、平、无毒。清热解毒,活血利尿。

【用法】新鲜鬼针草200～300克,洗净捣烂取汁内服(或用干品100克水煎服,1日2～3剂),外用配犁头草加食盐少许捣烂外敷患处。或鬼针草根250克煎浓汁,熏洗或作热敷患肢。治竹叶青咬伤消肿后筋骨酸痛,关节僵硬。

（10）罗柱叶下风（图29）

【别名】苦爹菜、鹅脚板、八月白。

【形态特征】多年生草本。高 40～100 厘米,根叶揉之有浓辛香气。茎直立、枝被柔毛。基生叶与茎下部叶为单叶或三出小叶,叶片卵圆形或卵状心形,茎中部、茎上部为三出复叶,小叶窄披针形,基部楔形。秋季开白色或绿色花,复伞形花序。双悬果,球状卵形。

野生于山坡、路旁草地及河沟边。夏秋采全草入药。

图29　罗柱叶下风

【性味及功效】辛、苦、温。祛风活血,解毒消肿,止痛。

【用法】新鲜罗柱叶下风 1 份、鱼腥草 2 份,洗净捣烂取汁,加白糖适量,每次内服 60 毫升,每日服 3 次,治疗神经毒、混合毒类毒蛇咬伤。或罗柱叶下风 15 克（干品）煎水服,渣外敷,治神经毒类毒蛇咬伤。

（11）扛板归（见封3）

【别名】蛇倒退、犁头刺、河白草、贯叶蓼、豆干草。

【形态特征】一年生蔓草本，长达3～4米，茎具四棱，棱上生有倒生的钩状刺。叶互生，近三角形，盾状着生，叶柄长，有钩刺，叶背主脉生小钩刺，托叶鞘呈叶状，圆形抱茎。夏秋开花，花白色或淡红色，成穗状花序生于顶端和上部叶腋，通常包于托叶鞘内，果实球形，紫蓝色。

常成片地生长在沟边、溪边、田野路边及旷野。秋季采全草入药。

【性味及功效】叶酸，性凉。清热利尿，拔毒止痒。

【用法】新鲜扛板归捣烂外敷或水煎洗患处。或以本品配鹅掌金星、田基黄、鱼腥草各10克，青木香6克，水煎服治疗各种毒蛇咬伤。

第五章   蛇的加工和综合利用

蛇,无论是有毒蛇或无毒蛇,都是我国重要的动物资源。蛇浑身都是宝。我国以蛇入药,有着悠久的历史。早在 2000 多年前西汉《神农本草经》和明代《本草纲目》等古籍均有记载。人们在不断研究用蛇治病的实践中,逐步认识到蛇肉无毒,其味鲜美,可以食用。谁是第一个尝试吃毒蛇的勇士,已无从查考,但南方人吃蛇早在《山海经》里就已有记载。为了充分利用蛇类资源,本章将详细介绍蛇的加工工艺和综合利用方法。

第一节   蛇产品的采制与加工

一、蛇毒

蛇毒在国际市场上比黄金贵 10 多倍,国内 1 克银环蛇毒价值 1000 元。目前市场上蛇毒供不应求。

蛇毒是毒蛇头部两侧毒腺的分泌物,在有关肌群的收缩挤压下,经过导管由毒牙注入猎物的体内,使猎物中毒死亡,并加以消化。采取蛇毒主要有采前准备、采取和蛇毒干燥、保存等过程。

1. 采取蛇毒前的准备   为了确保蛇毒的毒腺中蓄积

较多的毒液,在采毒前一个星期要用水冲洗蛇身并关养在笼中,关时只给水,不喂食,每个笼箱关蛇不宜多,对不同种类的蛇也不宜混关。一般以 20℃ ~30℃时产毒最多。采毒后的蛇可放入容器暂存。采毒用的工具有尼龙膜、剪刀、橡皮筋或线,以及盛接蛇毒用的器具。

2. 蛇毒的采法　采取蛇毒有"死采"和"活采"两类。"死采"是取加工单位切下的毒蛇头或用活蛇麻醉处死后,从其头部剥离出毒腺。用手指挤压使它排出毒液。也可将毒腺和生理盐水或注射用水一起研磨,经离心沉淀后取其上清液干燥而成。不过,"死采"不仅手续繁杂、破坏资源,而且质量也有缺点,只有在特殊情况下偶尔用之。一般均用"活采",以便保护毒蛇资源。活采蛇毒有以下几种方法。

(1)自咬取毒法(见封3)　此法是用右手抓住蛇颈,左手拿盛毒器塞入蛇口,使蛇出于本能而狠咬盛毒器,促使它排出毒液。此法操作简便,即使落掉毒牙的毒蛇也可取得毒液。缺点是蛇的口腔中除了毒液外,还有其他泥沙等污物一齐带出。为了克服此缺点,通常在容器表面缠上一层尼龙薄膜,把其他污物排掉。

(2)挤压取毒法　此法的特点是在前法的基础上加外力挤压其毒腺。方法是用右手抓住蛇的颈部,另一只手把玻璃器皿或瓷碟等工具送入毒蛇口中,让它咬住,用右手的食指和拇指贴在毒腺位置的头部两侧,以手指挤压并来回按摩直至毒液从毒牙中排净后取出工具。此法的优点是不需复杂的工具就可取得较多的毒液。缺点是取过多条蛇的毒液后,手指就会酸疼,而且也不太安全。

（3）电刺激取毒法　此法是用"针麻仪"等微弱电刺激的工具，将阴电极和阳电极触在蛇口腔内壁，蛇一受到电刺激，就会因电麻而立即排毒。对针麻仪的挑选，可取微弱而能使蛇排毒为度。如刺激过大，则会影响蛇的健康。

在上述各种方法取毒过程中，若发现蛇的口腔有脓血等污物，则不宜再取毒。

毒蛇排出的毒液量，不同种类的蛇有所不同，且受很多因素的影响，与蛇体的大小、产地、生活环境、排毒液的季节、气温、咬物频率和咬物时的激动状态等均有关系。蛇龄不同，蛇毒各组分的含量可有很大的差异。表7是我国常见毒蛇的排毒量比较；表8是成年响尾蛇和幼蛇蛇毒的一些性质比较。

表7　我国常见毒蛇的排毒量比较（成都生物研究所等，1979）

毒蛇名称	平均每条蛇咬物1次排出毒液量（毫克）	平均每条蛇咬物1次排出的干毒量（毫克）	毒液中的固体量（%）	毒液中的含水量（%）	毒蛇产地
眼镜王蛇	382.4	101.9	26.6	73.4	广西
眼镜蛇	250.8	79.7±0.2	31.8	68.2	广西
金环蛇	94.1	27.5	29.2	70.8	广西
银环蛇	18.4	4.6	25	75	广西
蝰蛇	191.9	44.4	23.1	76.9	广西
	112.0	30.4	27.1	72.9	福建
蝮蛇	126.7	41.4	32.7	67.3	江苏南部浙江
	69.7	20.8	29.8	70.2	
	222.2	59.0	26.6	73.4	广西
尖吻蝮	688.0	176.1	25.6	74.4	福建
		159.5			浙江
竹叶青	27.5	5.1	18.5	81.5	广西

表8　成年响尾蛇和幼蛇蛇毒的一些性质比较

(Bonilla et al 1973)

项　　目	蛇　龄(月)			
	3～6	7～12	13～18	成蛇
蛋白质浓度(毫克/毫升)	16.80	18.00	18.60	19.75
磷酸二酯酶(单位/毫克蛋白)	0.0067	0.0186	0.0145	0.0081
L-氨基酸氧化酶 　　(单位/毫克干粉)	0.024	0.018	0.202	0.234
凝血酶原时间(秒)	2.2	2.0	2.0	3.5
凝血酶样酶活性(秒)	6.6	5.7	6.1	11.9
蛋白酶(单位/毫克干粉)	829	1100	1670	2876
颜色	无色	无色	黄	黄

　　3. **蛇毒的干燥和保存**　新鲜的蛇毒液呈微腥而黏稠，具有挥发性和弱酸性，且容易腐败变臭变酸，失去毒性。因此，采得的蛇毒要及时进行干燥，使其含水量不超过5%，否则会降低蛇毒质量。为了保证高质量，要尽快干燥处理。干燥有冰冻真空干燥和普通真空干燥两种方法。蛇毒中的水分在真空密封环境中会迅速变为水汽而被抽去。一般的真空干燥需用真空泵和真空干燥器把蛇毒制成干毒，放置干燥处保存，最好用黑色纸或锡箔纸包紧，避光保存，防止受潮。毒性通常可保持25年以上。蛇毒是剧毒品，保管时要严格，不同种类的蛇毒不能混杂。

　　4. **采取蛇毒和制备干毒保存应注意的问题**

　　①毒蛇的新鲜毒液，如果在室温下24小时不处理就能引起腐败变质。如果把新鲜毒液放入冰箱中最多也只能保存半个月至1个月。所以刚取的新鲜毒液，需要把它制备成干毒保存。

由于蛇毒的吸水性较强,且不耐热,在潮湿的空气、高温及光线的影响下,均能变质失效。因此,干蛇毒必须用避光包装保存,放置室内阴凉地方或冰箱内冷藏,即可长期保存且不变质。切忌放置在日光下曝晒或存放在温度超过35℃的地方。

②捉蛇颈采毒时应注意捉的松紧适度。如果捉得过紧,则有碍毒蛇的咬皿动作,并可能使蛇窒息造成死亡;捉颈太松,则有被蛇咬伤的危险,故应让蛇头稍能活动不妨碍它咬皿动作为限。取毒时,如遇毒蛇紧咬取毒皿,则应将蛇与取毒皿一起轻轻放入笼内或就地放下,让毒蛇自行松口。

③取蛇毒需备1个空的蛇笼和蛇箱,以便交替存放已经取过毒的蛇。

④凡进食后24小时内的毒蛇或已进入冬眠状态的和即将产卵的母蛇均不宜采毒,否则易影响蛇体健康,且影响取毒量。每条蛇取毒的间隔时间,应按各种毒蛇的排毒情况分别对待。一般不少于2周,蝮蛇至少要相隔1个月,才能保证取毒量和蛇体的健康。

⑤毒液中如混掺有杂物可加适量注射用水稀释,经过离心处理后,再进行真空干燥。一个真空干燥器在同一时间内原则上只能制备一种蛇毒,否则抽气过程中易发生不同种蛇毒互相混杂。

⑥每个盛毒容器所盛的毒液不宜过多,越浅越好,在大量制备蛇干毒时,毒液的厚度不超过0.3厘米,否则会影响干燥速度。如取毒皿中原来采取的毒液不多,可用原来的玻璃管或取毒皿,直接放入真空干燥器内进行干燥,不必再移入其他盛毒器内。用作熔封的玻璃管,蛇毒不能装得太满,宜作一次干燥封口,熔封要靠近管端部位进行,以免因玻璃管的温度过

高破坏蛇毒的质量。在盛毒器外应标明蛇毒种类、采毒日期、重量、备注等项。

⑦采取蛇毒要注意安全,避免被毒蛇咬伤。工作人员要严格遵守操作规程,操作时最好能戴上防护眼镜、口罩和橡皮手套,以免毒粉末侵入眼内和呼吸道引起中毒。工作间歇时要随时洗手。蛇毒保管应有专人负责,必须按国家规定的剧毒药物管理规定进行保管,并立专册登记蛇毒进出的详细帐目,以备参考。

蛇毒有很高的药用价值。把蛇毒制成各种抗蛇毒血清,用于治疗各种毒蛇咬伤,只要用药及时正确,即能"药到病除"。有的蛇毒如眼镜蛇毒制剂,有良好的止痛效果,可用于晚期转移癌痛、神经痛、风湿关节痛、偏头痛等顽固疼痛。据国外文献报道,眼镜蛇毒还有破坏癌细胞的作用。

二、蛇胆

蛇胆具有多种药用价值,有清凉明目、驱风祛湿、止咳化痰等功用,临床应用于治疗风湿性关节炎、眼赤目糊、咳嗽多痰、小儿惊风、半身不遂、痔疮红肿等疾,疗效均佳。

取蛇胆方式有3种:

1. **活蛇取胆**　蛇胆一般位于蛇体从吻端到泄殖肛孔之间的中点或稍偏后,呈梨形或椭圆形,大者如大拇指,小者如花生米。可用左脚踩住蛇颈,右脚踩住蛇尾,腹部向上,从蛇的泄殖肛孔至头颈部1/3处,用食指顶住蛇背,拇指自前向后按摸,摸到一个较他处为坚实的圆形物,就是胆囊。用锋利的小刀切开长约3厘米的小口,用两手拇指将其挤出。取出时应连同分离出的胆管一起取下,并将胆管用线系结,以防胆汁外逸。取掉胆囊的蛇,仍可存活一些时日。

2. **杀蛇取胆**　取胆前先让蛇饿几天,将蛇打死,用细绳将头部捆起,吊在树上或墙壁上,剖开腹部,使肝脏外露,找出胆囊用细线将胆管上端结扎,然后从结扎处的上方剪断。取出的胆囊可挂在通风处晾干,或用60度的白酒消毒,然后浸泡在白酒中。

3. **活蛇取胆汁**　无论是活蛇取胆或杀蛇取胆,一蛇均只能取得一只胆囊。为了获取较多胆汁,可以采用"养蛇取胆汁"的方法。按住活蛇,探明胆囊位置后,稍加压力使胆囊微凸于腹壁,用酒精在其上消毒后,将注射器针头垂直刺入,徐徐抽出胆汁,所取胆汁以不抽净为度,按蛇体大小,每次可得0.5~3毫升,1个月之后可以再抽。抽出的胆汁,装入消毒过的玻璃瓶中,进行真空干燥。

蛇胆制品有以下几种:

(1)蛇胆干　将用线扎住胆管的蛇胆晾干即成。

(2)蛇胆酒　取2~3个蛇胆,切开胆囊,置于0.5千克50度的白酒中即成。

(3)胆汁真空干粉　将胆汁装玻璃器皿中,进行真空干燥,得黄绿色结晶状粉末。

(4)蛇胆中药　将陈皮、川贝、半夏、天南星等的粉末放入蛇胆酒中,待吸足酒后取出晒干,即成蛇胆陈皮、蛇胆川贝、蛇胆半夏、蛇胆南星等中成药。

(5)蛇胆丸　蛇胆配上中药粉末制成的丸剂。

三、蛇干

毒蛇干指蝮蛇、尖吻蝮、金环蛇、银环蛇、眼镜蛇等除去内脏的干燥全体。尖吻蝮称"蕲蛇"或"大白花蛇";银环蛇的幼蛇干称"金钱白花蛇"或"小白花蛇",都系我国名贵药材,出口国外。

蛇干制法是将蛇摔死,剖开腹部,除去内脏,用清水冲洗干净,纱布拭干,浸泡于60%～70%酒精内,6～8小时后取出稍晾干,将蛇体盘绕成圆盘状,炭火烘干,以头尾齐全、色泽明亮者为佳品。

金钱白花蛇,是银环蛇幼蛇去内脏的干燥全体。银环蛇孵出7～10天以前靠自身营养生活,7日龄加工制成的金钱白花蛇,规格质量最好。加工时,将蛇杀死后,首先拔去毒牙。剖腹时从颈部直至肛门直线割开,刀口愈整齐愈好。把内脏去干净,以干纱布抹净血迹、水分。再以蛇头为中心,把蛇体弯曲盘成圆盘状,把蛇尾放入蛇口中,用两根坚韧尖利的细竹签,交叉横穿过蛇体,即可固定。选晴天加工,便于晾晒。烘干时不能用明火,也不能与火接触和烟熏,以防烟火味。加工数量多时,应设烘箱或烤炉。保持温度50℃左右,至蛇干透为度。烘干后,每盘用干净的纸包好,放于纸盒内,并及早交售。如果要储藏,要防虫防发霉。防虫蛀,可用硫磺粉熏蒸(每5千克蛇干用硫磺粉20～24克),再将蛇装入瓦罐内。室内防潮可用石灰或木炭,并防蚁害与鼠害。

四、蛇蜕

蛇蜕,中药叫龙衣,它是蛇类生长期中脱下的体表角质层,呈圆筒形,多压扁并皱缩,完整者形似蛇,背部银灰色或淡灰棕色,有光泽,具菱形或椭圆形鳞迹,鳞迹衔接处呈白色,略抽皱或凹下;腹部乳白色或略显黄色,鳞迹长方形。体极轻,质微韧,捏之有滑润感和弹性,轻轻搓揉,沙沙作响;气微腥,味淡或微咸。以完整、具光泽者为佳。全年除冬眠期外,均可拾取,去净泥沙,晒干剪段即成。

蛇蜕含有骨胶原等成分。此品具有清热解毒、祛风杀虫、明目退翳等功能,主治惊风抽搐、诸疮肿毒、咽喉肿痛、腰痛、乳房肿痛、痔漏、疥癣、脑囊虫、角膜云翳等疾。以散剂或煎剂用之。无风毒者及孕妇忌用。

也可炮制成酒蛇蜕。制法是:将蛇蜕刷净剪段,以 5 千克蛇蜕喷 0.5 千克黄酒使之湿润,放锅中用文火炒至微干,到色呈米黄时,取出晾干备用。另有一法是:用黄酒洗去蛇蜕的泥渣,置罐内,加盖后再用泥封固,煅之约 1 小时许。次日启封,将炮制物存储于陶器中备用。

五、蛇皮

蛇皮不同于蛇蜕,它是人工从蛇体上剥下来的表皮真皮。

1. **剥制蛇皮的方法**　以索系蛇颈,悬挂之。用刀在颈部环割其皮,由前向后将蛇皮剥成一长筒。筒内充以细沙,使其均匀扩张；晾干，倒出细沙后从腹面正中剪开即可。对个体大的蛇皮，剥开后展开拉紧用钉子钉在长木板或墙壁上固定，并应均匀对称，置通风处晾干，切忌在阳光下曝晒。阴雨持久天气不宜剥制蛇皮。将充分干燥后的蛇皮卷成筒形，内撒樟脑粉，以防虫蛀和发霉腐败变质。

2. 蛇皮质量的鉴别

①色泽光亮鲜艳、斑纹明显美观的为优质；色泽不鲜艳、发霉虫蛀的为劣质。

②鳞片排列紧密而齐整的为优质；鳞片排列疏松、鳞片与鳞片之间有空隙的为劣质。

③皮质厚度适中，均匀而光滑，弹性强的为优质；皮下肌肉未刮净皮板太厚，固定间距钉的间距太宽致使边缘部分鳞有疏密，蛇皮太薄或厚薄不匀(中间厚、两边薄)，皮面粗糙，弹性不强，捕捉或在剥皮时手法不当使蛇皮受伤皮板有破损的均为劣质。皮质以冬皮最好，冬蛇体肥满，皮发光泽，色美丽，皮板厚薄均匀，皮质较厚而坚实；春皮皮板薄色不鲜艳，表面不光滑。夏皮和秋皮皮板中间薄，两边厚而不均匀。

此外，加工技术、捕捉方法和捕捉期因素对皮的质量都有直接的影响。

④蛇皮除医药上用于治牙痛及滋补外，主要用于工艺上。蛇皮轻薄而具有一定的韧性，花纹美观具有特殊的图案，可用来制成皮鞋、钱包、提包、皮带、烟盒、书签等，颇为精美别致。还可用于制造乐器的琴膜和鼓皮。如蟒蛇皮皮厚质坚，用于制作音调低沉、婉转、悠扬的二胡、四胡、大胡等乐器，三弦、手鼓也用蟒蛇皮；乌梢蛇皮皮质薄韧，用于制作音调高昂、激扬

的胡琴。京胡就是用乌梢蛇皮制成。近年来采用大蟒蛇皮制成的特大"低革胡",它的音质和音响效果可以替代管弦乐中的大提琴,产品极受国内外欢迎。

3. **蛇皮加工技术**

蛇皮制革的工艺流程和操作方法:

(1)工艺流程　　浸水→浸灰→去杂→脱灰→浸酸→鞣制→加脂→固定→涂底

(2)操作方法

①为使蛇皮充分吸收水分,可在浸泡蛇皮的清水中加入适量的润湿剂和防腐剂,浸泡时间一般为20～24小时。

②为更好地让生蛇皮脱脂除血、去腥臭等,应加入蛇皮体积2倍以上的硝灰液或1/5体积的石灰水,能起到加速浸水的作用。

③用刮板、腻子刀或竹片刮去蛇鳞和内面的污物,从头开始刮除,用力要柔和均匀以免刮破,然后再将蛇皮冲洗干净。

④用适量的铵盐或用4%的硼酸配成脱灰液,将蛇皮浸泡4～5小时,取出后用水洗净并控干水分。

⑤将甲酸5%、硫酸1%(硫酸按1:10的比例对水稀释)混合后分4次加入,间隔时间在20～25分钟左右。

⑥一般用植物鞣剂,如落叶松、柳树的浸膏鞣制。

⑦用加脂剂操作,同时应加入适量鞣酸。

⑧加入蛇皮体积8～9倍的热水(55℃),再加0.5%体积的甲酸,同时翻动蛇皮半小时。

⑨将2.5%羧甲基纤维素、双丙酮醇和沸水制成混合物涂于蛇皮表面,尔后贴在玻璃板上干燥,第二天揭下并打磨肉面,上光染色即成蛇革。

制革后的蛇皮以无破损、无霉、无虫蛀、皮张大而厚实者为佳，狭小的皮张不受欢迎。

六、蛇油

蛇油是从蛇体内脂肪熬煎所得，可食用或药用。内含亚油酸、亚麻酸等不饱和脂肪酸及甘油棕榈酸等脂肪酸。亚油酸具有防止血管硬化的作用，它在蛇油中具有特别高的含量。外用可治疗冻疮、水火烫伤、皮肤龟裂等，疗效良好，并可用于调制膏药。

此外，可作擦枪用油或工业用油。

七、蛇酒

蛇酒具有祛风、活络、舒筋活血、祛寒湿、强壮滋补和治疗跌打损伤等功效。

蛇酒的浸泡，除上面已述及者之外，尚有如下几种方法：

1. **活蛇浸泡**　将活蛇剖腹去内脏，洗净晾干，然后浸泡于50度以上的白酒中。蛇与酒的比例：蛇1千克，酒6～10千克。以密封3个月以上为佳。也可将活蛇饿6～7天后，挤压肛前10～20厘米处，使肠内容物排净，直接投于酒中。酒色清澄，味清润而芳香，细辨有蛇腥气。

2. **蛇干浸泡**　将蛇干鳞屑除去，切成寸段或粉碎后，按重量以蛇干1千克加酒10～20千克的比例浸泡，1个月以上取用。

3. 蛇药酒浸泡　为了提高蛇酒的疗效,按病种不同,大多分别加入滋补或舒筋活血的中药共泡。某些中成药,还有其特定的配方。如北京同仁堂药店曾于1924年在莱比锡世界博览会上荣获奖状的"虎骨酒",除尖吻蝮外,还配有虎骨、麝香、牛黄、鹿茸、人参、杜仲、肉桂、乌药、天南星、熟地、羌活等中药。现在为保护珍稀动物,虎骨、麝香则以其他药物代之。

(1)三蛇酒　用眼镜蛇、金环蛇、滑鼠蛇或灰鼠蛇或三索锦蛇除去内脏及头,洗净,浸泡于白酒中,9~12个月后即可饮用。

(2)五蛇酒　用上述三种蛇再加银环蛇及百花锦蛇除去内脏及头,洗净、浸泡于白酒中,9~12个月后即可饮用;如加上黄芪、党参、杜仲、防己、巴戟等中药浸泡,疗效更佳。

(3)龟蛇酒　这种酒传说具有2000年的历史。系用眼镜王蛇和金龟,以优质小曲在地下室浸泡,然后再加入当归、杜仲、枸杞、蜂蜜、冰糖等多种原料制成。它味香醇和,甘甜润肺,有滋阴补肾、强筋健骨之效,被誉之为"巴陵珍品"。

临床应用治疗风湿性关节酸痛、四肢麻木、半身不遂,用尖吻蝮干60克,当归、秦艽、羌活、天麻、五加皮各30克,红花4.5克,防风15克,砂糖300克,共置于5千克50度以上的白酒中,封存1个月以后取用。每天饮两次,每次饮30~50毫升。封存时间,能长久些更佳。欲早点浸出其有效成分,可先将蛇干研碎。

(4)又方　尖吻蝮干60克,金钱白花蛇一条,徐长卿

10 克,五加皮 15 克,木瓜 20 克,淫羊藿 10 克。若上肢痛,加桂枝 10 克,威灵仙 10 克;下肢痛加牛膝 10 克;腰痛加杜仲 10 克。上述各药,用 60 度白酒浸泡 1 个月以后,以酒略高于药面为度。每日早晚各饮 1 次,每次 1～2 汤匙。

第二节 蛇的食用

　　以蛇肉为菜肴,在我国至少也有 2000 年的历史了。以蛇肉为食不但见于民间,也应用于宾宴。如广州的蛇餐馆"蛇王满",就是以专门制作各种蛇肉菜宴而誉满中外。颇享盛名的"三蛇羹"(滑鼠蛇、眼镜蛇、金环蛇)、"五蛇羹"(即三蛇再加三索锦蛇、白花蛇)、"龙虎斗"(蛇与豹狸或老猫加辅料精工烹饪)、"龙凤席"(蛇与鸡加辅料精工烹饪)等,常为宴席上的珍肴。

一、蛇肉的营养价值

　　蛇肉做菜肴,不但肉质丰腴细滑、味道鲜美可口,而且具有丰富的营养。它含有蛋白质、脂肪、糖类、钙、磷、铁、维生素 A、维生素 B_1、维生素 B_2 等。众所周知,肉类中以牛肉含蛋白质最高,而蛇肉所含蛋白有的几与瘦牛肉相等,有的甚至大大高于牛肉。如乌梢蛇肉含蛋白质 22.1%,脂肪 1.7%,蛋白质含量与瘦牛肉相近。黑眉锦蛇肉含蛋白质 20.2%、脂肪 1.8%,蛋白质含量高于瘦猪肉、鸭肉、黄鳝等。特别是蝮蛇,过去民间食用者较少,近年来国内外对蝮蛇肉的营养成分进行了深入的研究,发现蛋白质的含量远远胜于牛肉。蛋白质是由 20 多种氨基酸组成,其中有 8 种,即丙氨酸、色氨酸、蛋氨酸、赖氨酸、苏氨酸、缬氨酸、亮氨酸和异亮氨酸是人体必需的,而自身不能合成,或合成速度较慢,必须由食物摄取的,谓之"必需氨基酸"。蝮蛇肉中含有这 8 种氨基酸。此外,蝮蛇肉中还含有能增加脑细胞活力的谷氨酸以及可帮助消除疲劳的天门冬氨酸,其含量亦远远高于牛肉。所以,以蝮蛇肉供食用,当属于优良品种了。近年来湖南省供销部门已组织大量收购蝮蛇,制成的蝮蛇干已远销国外。

二、可供食用的蛇种

体形较大的蛇,一般均可以食用。根据我国民间的食用习惯,可供食用的蛇大约有 24 种。其中属毒蛇类的有:金环蛇、银环蛇、眼镜蛇、眼镜王蛇、尖吻蝮、蝮蛇、各种海蛇等。属无毒蛇类的有:蟒蛇、三索锦蛇、黑眉锦蛇、百花锦蛇、灰鼠蛇、滑鼠蛇、乌梢蛇、王锦蛇、赤链蛇、粉链蛇、中国水蛇、铅色水蛇等。

毒蛇的毒腺在头部,食用时只要将头部弃去就行。蛇肉是无毒的,而且滋味比无毒蛇更鲜甜。如金环蛇、银环蛇、眼镜王蛇、眼镜蛇、海蛇就是著名的食用蛇。无毒蛇中的三索锦蛇、百花锦蛇、灰鼠蛇、滑鼠蛇也是著名的食用蛇种。乌梢蛇、黑眉锦蛇、王锦蛇等则是民间普通的食用蛇种。这些蛇供销部门大量收购,以满足国内外市场的需要。

三、蛇肉粗加工

蛇肉食用的烹调方法很多,如清炖、红烧、炒、烩、炸、焖、煮粥等,可根据各自的习惯和烹调技术而定。一般在烹调加工时遇到的困难是杀蛇、剥皮、去骨取肉和去蛇腥味,可按以下方法进行。

1. **杀蛇剥皮**　加工前要先将蛇杀死,以防被咬。可采取摔死或用酒醉死,或干脆把蛇头剁去,但剁去蛇头的蛇不好剥皮。剥制蛇皮的方法已在前面介绍。

2. **蛇肉剥离法**　一种是将蛇连骨煮熟后,再撕下蛇肉;一种是去骨取生肉,方法是:用绳系好蛇头,悬挂于上,以手牵执蛇尾。用利刀自蛇的肛门处插入,向上剖开腹壁至颈部。再将刀在肛门处紧靠脊柱两边,将左右肋骨连肉各纵形割开约3厘米,两手分别将割开的蛇骨连肉握住,向头部方向撕开成两条,再将每侧的肋骨连内层薄肉与外层蛇肉分离,即可得净蛇肉。

3. **蛇肉去腥法**　煮食蛇肉时,若加入少许食用甘蔗或鲜芦根同煮(食时弃去),则可去蛇腥味。

四、蛇菜谱

1. 菊花龙虎凤大烩

【原料】蛇肉100克,猫肉100克,鸡肉100克,花肚50克,特制高级清汤2000克,菊花2朵,薄脆25克,柠檬叶10克,姜丝、香菇、黑木耳、陈皮各25克,绍酒、胡椒粉、精盐、味精、酱油、干淀粉、蛋清、芝麻油。

【制法】将精肉、火腿、鸡、猫、蛇先焯水去除血污后,换冷水下锅,微火熬4小时,取得清汤。猫、蛇在刚可拆下肉时,取况拆去肉,骨架放回汤中。

猫肉、蛇肉放碗中加清汤、精盐、味精、姜片、葱，上笼蒸烂；鸡肉成丝，用蛋清、干淀粉拌匀；姜丝、香菇丝、黑木耳丝、陈皮丝焯水。

将鸡丝滑油。炒锅上火，加入清汤、绍酒、胡椒粉、精盐、味精、酱油、麻油和鸡丝、蛇肉、猫肉等各种原料，烧沸勾芡即成，上桌配以菊花、薄脆、柠檬叶。

【特点】成品色泽金黄，味道浓郁芳香，口感嫩滑，营养丰富，是传统的粤菜风味佳肴，是秋冬进补的佳品。

此菜亦可简制：将煲好拆下的蛇肉、猫肉和鸡肉撕成细丝，加调料煨好，放入原蛇汤锅内烧开，加芝麻油，勾稀芡，淋油即成，另带菊花、薄脆、柠檬叶上桌。

2. 红烧蛇肉

【原料】大乌梢蛇或黑眉锦蛇，或滑鼠蛇一条，作料若干。

【制法】将蛇宰杀后，剥皮、去头与内脏，洗净血污，切成约3厘米长的蛇段。将猪油和植物油混合下锅，中火烧至冒烟。随即下蛇段、稍微熘炸，至蛇肉"翻花"时，放入黄酒适量烹煎。续下食盐、酱油、葱白、胡椒，并可加入鲜芦根（食时弃去）、鲜笋片、枸杞子等，一并爆炒片刻，加入猪肉汤两大碗（无肉汤即用清水），候汤烧沸，再转入沙锅里，半掩锅盖，继续用文火红烧，到以筷子一剥蛇肉即能离骨时，即成。

【特点】味厚腴美，有"以味补质"的作用，佐酒佐饭甚佳。

3. 清炖蛇汤

【原料】食用蛇1～2条（最好是取毒蛇、无毒蛇各1条，如眼镜蛇配三索锦蛇），作料若干。

【制法】将蛇剥皮、去头和内脏，即得"蛇壳"。将蛇壳洗净,放入沙锅,1 次将清水加足,并置入几小段甘蔗,用中火煮。至蛇肉可与蛇骨分离时,将蛇壳取况,放入冷水中冷却,用手提蛇脊,轻轻抖动,或以竹筷退出蛇肉。蛇骨用洁布包裹好。弃去甘蔗段,把蛇肉和包好的蛇骨放回沙锅内,加少量白酒、肥猪肉(或猪油)、姜、陈皮、食盐、味精等作料,中火炖至蛇肉软烂为度,弃去蛇骨、陈皮,再撒少许胡椒末,即可喝汤、食肉。

【特点】肉嫩软滑,汤清味鲜,老少咸宜,食之大有滋补作用。

4. 水蛇粥

【原料】水蛇 1~2 条,苡米 60 克(粳米亦可)。

【制法】将蛇剥皮去骨,取净蛇肉切片。先将苡米淘净,放适量清水,煮至爆开时,再加入蛇肉片同煮。煮成粥后,再放食盐等作料。服用此种蛇粥有清热、除湿、健脾的滋补作用,民间用以治皮肤湿毒病。儿童食用具有治疗疮疖、预防痱子、保持皮肤润滑的作用,是一种很好的饮食疗法。

5. 三蛇羹

【原料】眼镜蛇、银环蛇、金环蛇各 1 条,作料少许。

【制法】将三蛇去皮去头去内脏,加白胡椒 15 克,文火炖至蛇肉酥烂,加入姜末、葱花少许,热服。

【特点】此菜对风湿性关节炎有一定疗效。

6. 菊花会蛇羹

【原料】三蛇丝 200 克,鸡丝、火鸭丝各 35 克,冬菇丝 75克,木耳丝 25 克,姜丝 50 克,熟猫肉丝 150 克,湿鱼白 50 克,味精 10 克,猪油 10 克,生粉 15 克,麻油 2.5 克,陈皮 1 克,精盐 10 克,绍酒 5 克,原蛇汤 1750 克,柠檬叶、菊花、薄脆适量。

【制法】将活蛇宰净放入沙锅(水沸时再下料),煲至刚好能拆骨,即取况拆肉。猫丝另用沙锅加清水煲之,拆肉法与拆蛇丝基本相同。将拆下的蛇肉撕成丝,长5~10厘米,条子不要太粗,用姜、葱、粗盐、味精、绍酒煨好。再把姜丝滚去辣味,将上述原料和蛇汤一齐入沙锅,同煲滚后,加进味精、麻油、打薄芡,加包尾油,另跟菊花、薄脆、柠檬叶上席。

【特点】祛风去湿,清鲜味美。

7. 五彩炒蛇丝

【原料】熟蛇丝200克,叉烧丝50克,湿菇丝50克,熟姜丝15克,笋丝25克,韭黄50克,炸粉15克,鸡蛋1只,胡椒粉0.5克,湿蹄粉7.5克,生油1千克(实耗150克)。

【制法】先将粉仔炸好,把鸡蛋打烂,加入各种食用色素打匀,随即倒入密笊篱,使蛋流入沸油锅中,再用筷子拌匀捞起,用白毛巾包好,捏干油分,即成蛋丝,起锅落油,将笋丝爆过,再将上述原料一齐放入锅中炒熟(韭黄后下),用湿蹄粉打芡,加包尾油,撒上胡椒粉,炸粉落碟底,蛇丝在上面,蛋丝伴边。

【特点】色鲜味美,甘香可口。

8. 竹丝鸡会五蛇

【原料】五蛇壳1副(用拆起蛇肉300克),竹丝鸡1只,生鸡丝50克,浸发广肚丝100克,浸发北菇丝50克,浸发木耳丝50克,水泡姜丝100克(滚熟漂清辣味),旧陈皮3克,龙眼肉10克,甘蔗250克,生葱4根,生姜50克,原汁蛇汤750克,上汤750克,二汤200克,味精15克,精盐9克,老抽5克,猪油100克,白酒15克,绍酒20克,鸡蛋白10克,胡椒粉少许,湿蹄粉30克,薄脆100克,柠檬叶丝10克,菊花4朵。

【制法】①将蛇壳洗净,放入沙锅内,加清水2.5千克、生姜、旧陈皮、甘蔗、龙眼肉,以文火煲约20分钟(视蛇老嫩而定)取况,把蛇壳从头至尾轻轻退出蛇肉。将蛇骨放回沙锅内,同时加入已宰好的竹丝鸡,再煲约 1 小时,待鸡熟透后,捞起竹丝鸡,取鸡腿肉和鸡皮 200 克,撕成丝状(其余的留作别用),去掉蛇骨,甘蔗、龙眼肉、生姜及陈皮俱切细丝,并将沙锅内的汤用洁白布过滤,留作烩蛇用。

②把蛇肉切成长约 5 厘米肉块,撕成丝状。旺火烧锅,下猪油 40 克,放入味精 2.5 克、精盐 2.5 克、白酒 15 克、生姜 3 片,生葱 2 根,把蛇丝爆过,用瓦钵盛着(拣掉姜片、葱条),加入蛇汤 250 克,放进蒸笼蒸 1 小时。

③把广肚丝用水滚过,捞起去水。旺火烧锅,下猪油 10 克,精盐 2.5 克,绍酒 10 克,生姜 2 片,生葱 2 根,二汤 200 克,放入肚丝,滚后倒出,滤干水分(姜、葱不要)。把木耳丝放入锅内,用沸水滚过,捞起,滤干水分。将生鸡丝用鸡蛋白、马蹄粉拌匀,文火泡油后取况。

④旺火烧锅,放入猪油 15 克,绍酒 10 克,加入蛇汤,煮沸后,加北菇丝、广肚丝、木耳丝、熟鸡丝、姜丝、陈皮丝、蛇丝、生鸡丝和精盐 4 克、老抽、味精 12.5 克,用湿蹄粉打芡,加尾油拌匀便成。另跟薄脆、柠檬叶丝、菊花上席。

【特点】美味浓香,祛风去湿。

注:三蛇壳即宰干净、没有蛇皮和内脏的过树榕、饭铲头(眼镜蛇)、金脚带(金环蛇)。如是五蛇,则多加三索锦蛇、白花蛇。

9. 蛇肉火锅

【原料】净活蛇肉 500 克,鸡脯肉 250 克,熟火腿肉 150 克,笋肉 100 克,鲜汤 1000 克,绍酒 50 克,精盐 10 克,葱丝、姜片各 5 克,味精 2 克。

【制法】将净肉切成 3.5 厘米见方的块。熟火腿肉、鸡脯肉、笋肉分别切成长 4 厘米、宽 2 厘米的薄片。锅置火上,加入清水、蛇肉块、煮熟。火锅中先放入煮熟的蛇肉块,再加笋片、鲜汤、精盐、姜片、绍酒,点燃燃料,焖烧10分钟,再放入熟火腿片、鸡脯肉片、味精,略煮,再撒入葱丝,即成。

10. 竹鸡丝火锅蛇羹

【原料】青蛇1条,约重1000克,竹鸡1只,约重500克,熟拆骨鸭掌200克,熟鸡丝、水木耳、香菇各100克,鸡汤300克,猪油100克,生姜75克,水生粉50克,白酒30克,香葱、精盐、桂圆肉各15克,黄酒、鲜酱油、黄豆酱油各10克,胡椒粉0.15克,蛋清1/4只,味精2克,菊花1朵。

【制法】将蛇去头,剥皮去内脏,放入冷水中。沙锅置旺火上,加清水1000克、桂圆肉、生姜、陈皮丝、蛇体,炖30分钟,捞出蛇体浸冷水中。从冷水中捞出蛇体,拆去蛇骨,蛇切成4.5厘米的段,再顺着肉纹撕成细丝。将蛇骨装入纱布袋中,放回蛇汤中,文火炖1小时,再用洁布过滤,净汤备用。

锅置火上,加猪油15克,烧热加姜丝15克、香葱5克、黄酒10克、鸡汤、鸭掌、香菇、水木耳,烩烧15分钟,取出香菇、木耳、鸭掌,分别切成细丝。将竹鸡肉切成细丝,再加蛋清、精盐、味精、水生粉,拌匀。

锅置火上,加猪油,烧至五成熟,下入拌好的竹鸡丝,泡油后,倒入漏勺中,沥油。另将一锅置火上,加猪油、白酒、蛇汤、香菇丝、木耳丝、鸭掌丝、竹鸡丝、熟鸡丝、精盐、黄豆酱油、鲜酱油、味精、胡椒粉、蛇肉丝,烧沸,加水生粉汤芡,倒入生好火的火锅里,连同菊花一起上桌。

11. 黄芪炖蛇肉

【原料】蛇肉1000克,黄芪60克,续断10克,猪油30克,生姜15克,料酒10克,葱段6克,精盐0.6克,胡椒粉0.2克。

【制法】活蛇去头尾,剥去外皮,除去内脏,清洗干净,再切成 3 厘米长、1.5 厘米宽的片。生姜切片。黄芪、续断洗净,再用清水浸泡 1 小时。锅置旺火上,加猪油,烧至八成热后下入蛇肉,翻炒,再烹料酒,炒透,倒入沙锅内。沙锅置火上,加入黄芪、续断及其浸泡的水,再加姜片、葱段、精盐,烧沸,用小火炖 1 小时,拣去葱、姜,加胡椒粉即成。

此菜味美可口,祛风除湿,活血通经。

第六章　国内著名蛇场和
养蛇专业户简介

1. 广州市白云区太和茶山福蛇场

该蛇场董事长兼总经理沈金福,1980 年毕业于北京中医学院医疗系后,致力于蛇伤急救及蛇类生态平衡的研究,现任中国中西医结合急救医学会特约委员。他所创办的茶山福蛇场,已初步建立起集饮食、养殖、综合、加工、医药保健、食品开发研究于一体的实力基地。现已成立了中国蛇类医药资源开发中心和广东茶山福天然蛇类医药研究所。蛇场已生产出"蛇鞭酒"、"浓缩蛇胆汁酒"、"过山峰"、"茶山福蛇酒"等蛇酒系列以及蛇胆保健茶系列。

联系电话:(020)87429848、87428989。

邮　　编:510540。

2. 养蛇之乡——广东潮阳市灶浦镇大联村

该村有八成村民以养蛇销蛇为营生。1997 年全村仅此一项收入超过 300 万元。养蛇户中有"女蛇王"谢若容、养蛇能手陈少丰等。

3. "蛇城"——广东番禺市大石镇"飞龙世界游乐城"

该游乐城占地 397 公顷,投资 9 亿元人民币。在飘烽山 10 个山头间,建有 20 个景区,268 个以蛇文化为中心、民俗文化为基础的景点和表演场所。"蛇城"有蛇 256 个品种 200 多万条。游乐城内有一个水上表演厅,设有 1320 个座位;有一座可供 3800 人同时就餐的高级野味蛇餐馆。老板钱龙飞是香港实业家,目前全国各地已有数千名人才慕名云集飞龙世界。

4. 福建尤溪县永吉蛇园陈逢楚

该蛇园已达到年饲养眼镜蛇、五步蛇、银环蛇等 10 余万条,年供幼蛇苗 30 余万条的能力,是福建省第一位毒蛇养殖专业大户。陈逢楚还在广东、江苏等地创办了 21 家分场,并在全国第一家办起了蛇种蛋邮购业务网络。

陈逢楚是全国蛇伤防治协会理事和福建省蛇协理事。他对慕名而来的求艺者一视同仁,不管是农村的好学者,还是城里的下岗职工,都奉为上宾。8 年多来,已培训来自全国各地的近 2000 名养蛇技术能手,带出近千户养蛇专业户。他多次被评为省、市、县科技星火带头人。

求艺热线电话:(0598)6406228。

5. 湖南永州市芝山区富家桥镇永州之野异蛇实业有限公司董事长兼总经理周大武

1992 年,芝山区养蛇业的发起者周大武联合 8 户农民筹资 4.5 万元办起了永州特种养殖业开发公司。现已建立了一个面积达 150 多亩,集蛇类养殖、加工和旅游于一体的大型蛇场——异蛇村。周大武与湖南中医学院专家合作研究开发了"永州异蛇酒",并成功地打入了加拿大、我国香港等地国际市场。1998 年全公司共向国家和地方上交税金 101.1 万元,成为芝山区人平交税最多的一家企业。

地址:湖南永州异蛇村。

联系电话:(0746)6731720。

6. 湖南岳阳市大发蛇业有限公司

有"蛇王"之称的农民曾次华在岳阳市农村苦苦钻研了十多年的养蛇技术。从 1994 年开始,他先后投资 30 多万元兴办毒蛇养殖场,效益日渐显著。养殖场现已发展到拥有固定资产 408 万元,年产值 1000 多万元。为了扩大经营规模,增加产品附加值,他拓展了蛇毒提取、蛇皮、蛇胆、蛇肝、蛇鞭的深加工以及蛇酒酿造等开发项目,并且改变家庭式经营,走现代企业的发展之路,组建了"大发蛇业有限公司",把企业的经营方向放在外向型上,积极向国外出口,累计创汇 100 多万美元。1997 年 9 月,曾次华在国际互联网上推出了"大发蛇业"的主页广告,成了湖南第一个利用国际互联网做生意的农民。

7. 湖南辰溪县后塘瑶族乡舒易兵

湖南省辰溪县后塘瑶族乡二塘村舒易兵于 1995 年筹资 2 万多元,建起了全县在边远山区第一个"家庭规模养蛇场"。在他的苦心经营下,蛇场规模不断扩大,常年饲养量在 4000 条以上,每年外销量 2000 多条,并将有毒蛇与无毒蛇分离饲养,每年还将孵化的幼蛇放生一批到大自然里。蛇群在他的精心饲喂管理下繁殖生长快、增重快,活蛇及蛇肉、蛇皮、蛇毒等加工成品已畅销省内外各地市场,五年来总收入已超过 100 万元。在他的带动与引导下,全乡已有 10 多户农民相继办起了养蛇场、养鸽场、养鳖场等特种养殖场,家家收入可观。瑶胞称舒易兵这位"养蛇王"是瑶乡人民发家致富的"领头人"。

8. "养蛇专业村"——浙江德清县士林镇子思桥村

子思桥村是一个偏僻的小村庄,交通闭塞,无业可就,原是士林镇最贫困的村庄。1991 年,该村杨春忠等几位村民开始人工繁殖百花蛇试验成功。至 1996 年,该村人工繁殖百花蛇计 120 万尾,占全国人工繁殖总数的 60% ~ 70%,产值达 240 万元。子思桥村以捕蛇、养蛇、繁育蛇为业,蛇类经济收入占全村总收入 90%。该村靠养蛇致富脱贫,提前步入小康。

9. 江苏连云港市岗埠农场下岗女工毛立红

26 岁的女工毛立红下岗后决心靠自己的才智和勤劳发家致富。她花 18400 元从外地购回 800 多条成蛇饲养繁殖,当年便获利 13000 多元。1996 年起,毛立红改养殖菜蛇为养殖毒蛇。到 1998 年底,她的野生蛇园固定资产已超过 46 万元。1997 年,毛立红仅销售蛇和加工毒蛇系列产品就获利 20 万元。

10. 江苏隆力奇集团总经理徐之伟

全国著名的蛇类保健品生产基地——江苏隆力奇集团,

围绕蛇资源的开发利用,形成了三大系列产品,1997年完成销售额2.5亿元,利税超千万元。总经理徐之伟在20世纪70年代中期就开始蛇资源的开发利用,曾被传媒誉为"中国蛇王"。该集团以拳头产品"隆力奇纯蛇粉"为突破口,进行全方位的延伸,又开发出蛇胆胶囊、酒类和饮料,蛇类系列化妆品也已投放市场。蛇类养殖观赏和蛇产品贸易取得突破,仅蛇胆、鲜蛇肉、蛇皮、蛇干、蛇毒、蛇衣等的贸易额每年都在5000万元以上。1994年以来,集团的资金递增速度在80%～100%之间。隆力奇集团被评为国家级乡镇企业集团。

2000年获得"全国乡镇企业十大新闻人物"称号的徐之伟又制定了"隆力奇"第二个12年发展规划:"总部移上海,驻足在香港,冲出东南亚,影响全世界。"未来几年中,隆力奇集团将投资5亿元人民币建立隆力奇高科技生物加工、生产园区,更好地服务于国内外的保健品生产企业,并投资数千万元筹建隆力奇生命科学研究院以吸引科技人才研究经络因子,不断增加隆力奇纯蛇粉的高科技含量。建造占地愈7000公顷的蛇类养殖基地,以实现蛇类资源的可持续利用。

11. 江苏锡山市洛社镇徐洪清

江苏锡山市洛社镇红明村野生动物养殖场场长徐洪清曾在武夷山拜师学艺,学会了养蛇技术。回到家乡后,投资120余万元,建起了全省规模最大的毒蛇养殖物。主要养殖五步蛇、眼镜蛇等剧毒蛇,还有食用的大王蛇。附近的农民看到徐洪清办起养蛇场,看到养蛇人发了家,纷纷前往咨询。对此,徐洪清有问必答,还办起了技术培训班,精心传授技术,讲解毒蛇的饲养方法、蛇房建设、蛇病防治、蛇毒深加工、蛇伤急救。对乡亲们养蛇,徐洪清表示优惠供种、供配比饲料、提供饲养技术,让大家一起养蛇致富。

联系电话:(0510)3301088。

12. 四川南充市高坪城区吴浩彪

1996 年,吴浩彪投资 6 万多元建起了面积为 400 多平方米的养蛇场,购进眼镜蛇 300 多条,当年 9 月就有部分眼镜蛇可以取毒销售。其后,吴浩彪又购进金环蛇、银环蛇等毒蛇品种,还养殖了乌梢蛇、黑眉锦蛇等菜蛇供市场销售。仅一年就获利 3 万多元,1997 年获利达 12 万元。该蛇场已成为川北最大的蛇场。

吴浩彪现在是中国蛇协会员。

13. 河南上蔡县五龙乡肉蛇养殖场场长李升财

1990 年,李升财在当地政府和有关部门的支持下建起了规模较大的养蛇场。他勤奋好学,在养蛇实践中阅读了大量养蛇专业技术书籍和有关资料。他根据肉蛇的生物学特征系统全面地掌握了蛇场各个时期的管理措施、幼蛇的孵化饲养和商品蛇的四季储运技术。他根据本地气候条件建起了养蛇场,减少了蛇的休眠期,使肉蛇生长快、产量高,形成了一套全新的养蛇技术。他也逐渐成为闻名遐迩的养蛇专家。他无私地向新养殖户提供建场技术和养蛇技术,优惠供应新养殖户良种蛇、灰蟒蛇、黄蟒蛇等,并帮助他所发展的新户开展产品回收,统一销售,实行一条龙服务。

14. 河南荥阳市高阳镇竹川村豫龙养蛇场

　　该蛇场是由荥阳市高阳镇竹川村农民王成立和夏邑县何营乡农民刘贵彬联手建立的。蛇场占地 20 多亩,饲养近万条大王蛇、眼镜蛇和五步蛇等,繁育、养殖、加工一条龙,是长江以北的现代大型种蛇繁育基地。

15. 河南上蔡县齐海乡马安村陈海云

　　陈海云是残疾青年,1 岁时因患小儿麻痹症,右手失去劳动能力,1989 年,在县农业银行发放 10 万元贷款鼎力相助下,他创办了占地面积近万平方米的大型肉蛇养殖场。他在有关专家的指导下,采取使用激素、温室养殖等科学技术,大大缩短了蛇的养殖周期,春夏季节为全国养殖户提供种蛇,秋冬季节向全国十多个省市的宾馆酒家定点供应商品蛇,近几年每年收入都在 20 万元以上。

　　据报载,几年来,在陈海云帮助下,许多下岗工人和残疾人也走上了养蛇致富路。下岗工人、残疾人来购买种蛇,价格优惠三分之一,特困户赊销种蛇,回收成蛇。

　　陈海云被驻马店地区命名为“十佳残疾青年”。

16. 山东曹县位湾镇王泽铺村刘惠敏

　　闻名全国的“江北女蛇王”刘惠敏,1990 年开始捕蛇养蛇,1991 年首创了适合蛇类北方生长的隧道式四季蛇房,1993 年创办山东省首家蛇类开发公司,1994 年主持召开了“十八省农民致富经验交流会”,1995 年主持召开了“首届全国药用动物技术品种产品交流会”,受到了农业部、国务院等有关领导的高度评价。中央电视台还以她为题拍摄了《养蛇女状元刘惠敏》、《家养麝鼠》等科教片,她还投资 50 万元,办起了曹县野味食品厂,开发生产了"强力蛇鞭"、"精制蛇粉"、"蜘蛛羹"、"烤全猪"、"红烧麝香鼠"、"蛇汁牛肉"等多种野味软包装食品。

几年来,她为省内外群众复信10万余封,带出了200多个特种养殖万元户,像山东青州的顾学玲、郓城的吴爱玲、河南夏邑的刘贵彬、河南新野的刘梦尘、江苏宝应的董晓翠、河北井径的梁录庭等特种养殖致富能手都到她的蛇场参观学习过。如今,刘惠敏已建起了办公大楼,又征地4.5公顷,再上一个特种植物园和一个特禽场;还计划征地7公顷,创办我国首家特种经济动物园。

17. 山东海阳市徐家镇求格村周静

1996年春天,在一家鞋厂工作的年轻女工周静被一篇介绍养毒蛇效益高的文章吸引住了。于是她利用节假日三下江南,到浙江、广东了解蛇毒市场行情,目睹一个个蛇场成功的经验和可观的经济效益,更坚定了她养毒蛇的信心。她毅然辞职,决心去开拓属于自己的新天地。为选一处阴暗、潮湿、幽静的环境建蛇场,她跑遍了全市10多处乡镇,最后在地处山中的徐家镇求格村租了9间房子,砌起了6个养蛇池,建起了粗具规模的养蛇场。经过1年多的努力,蛇场已提出蛇毒10多克,价值1万多元,买来的蛇种已产下200多条小蛇,价值8000多元。

喂蛇需要幼兔,周静又建起了一个规模不小的养兔场。周静养蛇成功了,养兔也有了收益。她表示要把自己的技术奉献给社会,为更多的下岗职工探索一条比较平坦的创业路。

18. 山东青州市益都镇北城村顾学玲

1992年,农家女顾学玲为给儿子治病,毅然辞掉舒适的工作,拼命地挣钱。儿子终于得救了,全家却又欠下了1万元的债。为还钱,她不顾亲友的劝阻,于1994年创办了潍坊第一家养蛇场。经过3年多的努力,她不仅还清了一切债务,还使她的养蛇资产由原来的负债,发展到现在的近百万元。被人们誉为青州女蛇王。

顾学玲总结出了一套养蛇经验,自行设计出一种能适应蛇类在北方露天场所安全过冬的洞式蛇穴,并设计和建造了多层立体式地下蛇房,为北方养蛇开辟了一条成功的道路。由她撰写的《北方养蛇技术》一书已出版。

通讯地址:山东青州市北城蛇蝎园。　　邮　　编:262500